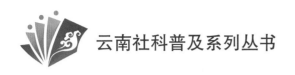

云南社科普及系列丛书

U0187007

影响人类的100种生物

刘沧山　主编

中国科学技术出版社

·北 京·

图书在版编目（CIP）数据

影响人类的 100 种生物 / 刘沧山主编 . -- 北京：中国科学技术出版社，2022.8

ISBN 978-7-5046-9270-2

I. ①影… II. ①刘… III. ①生物科学－普及读物 IV. ① Q-49

中国版本图书馆 CIP 数据核字（2021）第 209491 号

策划编辑	王晓义	
责任编辑	浮双双	
封面设计	孙雪骊	
正文设计	中文天地	
责任校对	吕传新	
责任印制	徐　飞	

出　　版	中国科学技术出版社	
发　　行	中国科学技术出版社有限公司发行部	
地　　址	北京市海淀区中关村南大街 16 号	
邮　　编	100081	
发行电话	010-62173865	
传　　真	010-62173081	
网　　址	http://www.cspbooks.com.cn	

开　　本	720mm×1000mm　1/16	
字　　数	378 千字	
印　　张	22	
版　　次	2022 年 8 月第 1 版	
印　　次	2022 年 8 月第 1 次印刷	
印　　刷	河北环京美印刷有限公司	
书　　号	ISBN 978-7-5046-9270-2 / Q・230	
定　　价	90.00 元	

编　委　会

前　　言

　　日月星辰，天地山河，人类在地球上生活了几百万年，而许多生物在地球上已经生存了数十亿年。人类与其他生物有斗争、有竞争，还有对其的驯化，而更多的是依赖，相生相伴、共同发展。换句话说，无数的生物影响了人类的生存和发展。难以想象，如果没有其他生物，人类如何生存，如何走到今天。

　　人类社会从原始文明到农业文明，再到工业文明，最终走向生态文明。这是社会文明的高级形态，也是人类本性的回归，是人类社会发展的必然趋势。回顾人类5000多年的文明史就会发现，什么时代尊重自然，人与自然和谐相处，什么时代人类社会发展就顺利；否则就会因为损坏大自然而遭到大自然的反击，人类社会就难以发展。历史上无数的惨痛教训是人们应该永远牢记的。

　　生态文明思想是习近平新时代中国特色社会主义思想的重要组成部分。以习近平同志为核心的党中央把生态文明建设列为"五位一体"总体布局的重要内容之一，把绿色发展作为新发展理念的重要内容。人与自然和谐共生成为习近平新时代中国特色社会主义思想的主要内容和举措。"绿水青山就是金山银山"已经成为治国理政的重要理念，也已经成为全国人民的共识。这是以习近平同志为核心的党中央，准确把握中国发展乃至世界发展大势而做出的科学判断。

　　《影响人类的100种生物》一书的出版，是学习和贯彻习近平生态文明思想的一项成果。目的就是要让人们了解生物、认识生物、热爱生物、保护生物，做生态文明绿色发展的宣传者、推动者、践行者。本书从全球有记录的270多万种生物中，遴选出100种生物。

　　这100种生物是如何选取的？又是如何排序的呢？

　　我们坚持两个原则：一是选取与人类发展历史密切相关的，包括与人类的生存，人类的衣、食、住、行等密切相关的生物；二是选取到目前为止仍然与人类密切相关的生物。本书编委会成员中大多数所学专业为农村经济学，并长期从事生态文化建设工作。为确定这100种生物，先后召开了5次编委会，第一次编委会选出了近500种生物，第二次压缩到250种生物，第三次再压缩到140多种生物。还多次听取校内外生物专家，包括王昌命、陈龙清、雷洪、李小英、熊智、罗明灿、刘德钦等教授的意见。最后初步确定这100种生物后，又根据社会科学专家王传发、木基元教授及部分校外专家的建议，对个别生物顺序进行了调整，最后确定了相对而言对人类及人类社会影响较大且联系较为密切的100种生物。虽然如此，也只能是编著者的一家之言，姑妄言之。

全书共13章，每一章一类生物，每种生物都从简介、起源及演变历程、现状及对人类的影响、相关故事、相关图片5个方面撰写。先介绍该生物的显著特征及其特别之处，其间还介绍一些生物小知识，如裸子植物、假果、梨果等；后介绍这些生物的起源及演变历程，从历史维度和地理维度介绍生物的起源；第三部分介绍这些生物目前的主要分布现状，从对人类的价值方向表述其对人类产生的积极影响；同时，每种生物都有一个精彩动人的小故事，这些故事多来自民间传说，进一步说明其对人类的重要意义。可以说，本书具有较强的科学性、实用性、可读性，既是一本科学类的读物，也是一本普及性读物，适合各阶段、各种职业人群阅读。读了本书，一定会受益匪浅。

该书的出版得到了西南林业大学党委、行政及相关部门的大力支持和帮助，特此表示衷心的感谢！还得到了云南省社会科学界联合会、云南省教育厅、云南省生态环境厅、云南省科技厅、云南省科学技术协会、云南省林业和草原局等的大力支持和帮助，特表示衷心感谢！

该书的第一章、第六章由王超编写，第二章、第八章由赵昊编写，第三章、第四章由李福源编写，第五章、第九章由刘沧山、闫峰编写，第七章、第十章由陈瑞黎编写，第十一章、第十二章由丁发林编写，第十三章由闫峰编写。该书由西南林业大学原党委副书记刘沧山教授总策划、总审稿。编委会的全体成员为书籍的出版付出了辛勤的努力；另外，西南林业大学硕士研究生林朋、芦杨娜、吴怡君、郭璐在资料查阅、数据核对、文稿审核方面做了许多有益的工作，就此，对大家表示衷心的感谢！

该书通俗易懂、图文并茂，已纳入了云南省社科普及系列丛书。既有较强的科学性，又具有较好的可读性，适合各类在职人员、中学生及高校学生阅读。能够增强人们的生态文明及绿色发展意识就是我们编写此书的最大愿望。

《影响人类的 100 种生物》编委会

2022 年 2 月 10 日

目　录

第 一 章

树 木

一、银 杏

（一）▶ 简介

银杏，银杏科唯一属唯一种落叶大乔木，高可达40米。枝条有长枝与短枝之分。叶为扇形，上部宽5~8厘米，上缘有浅或深的波状缺刻，基部楔形，有长叶柄；叶在一年生长枝上螺旋状散生，在短枝上3~8叶簇生。银杏叶片秋季会变黄，金黄色的银杏叶挂满枝头，很是喜人。球花雌雄异株，雄球花菜荑花序状、下垂；雌球花梗端分两叉，具长梗，风媒传粉。一般枝型披散的为雌株；枝型上举的为雄株。

种子具长梗，常为椭圆形、卵圆形或近圆球形，外被白粉，有臭味，俗称"白果"。银杏属于裸子植物，银杏"白果"外面的"果皮"实际上是假种皮，而不是真正的果皮。

（二）▶ 起源及演变历程

银杏最早出现于3.45亿年前的中生代石炭纪。曾广泛分布于北半球的欧洲、亚洲、北美洲；到了白垩纪晚期开始衰退；至50万年前，在欧洲、亚洲和北美洲绝大部分地区灭绝，只有中国的银杏保存了下来。目前，银杏大都属于人工栽培，主要栽培于中国、法国和美国南卡罗来纳州。毫无疑问，国外的银杏都是直接或间接引自中国。银杏作为中生代子遗树种，有"活化石"之美称。

我国从商周时期就开始人工栽植银杏。之后随着银杏应用的广泛发展，银杏经济逐渐兴起。从宋代起，银杏就是国家征收的物品之一，到了明清时期，朝廷征收的银杏数量变得更多，征收方式有实物征收和货币征收两类。白果、银杏板材、银杏树以及银杏盆栽，自那时起也都成为可供买卖的商品。改革开放以来，银杏成为园林、街道绿化及庭院栽植的重要树种。随着商品经济的进一步发展，银杏庭院经济将突破小农经济的限制向产业化方向发展。

（三）现状及对人类的影响

1. 现状

银杏为我国特产，栽培区域甚广，北起辽宁省沈阳市，南至广东省广州市，西到云南省、四川省，东达沿海各地。目前，仅浙江省的天目山有野生状态的银杏树木。

银杏为喜光树种，根系深，对气候、土壤的适应性较强，能在高温多雨及雨量稀少、冬季寒冷的地区生长，但生长缓慢或不良；能生于酸性土壤（pH 4.5 左右）、石灰性土壤（pH 8 左右）及中性土壤上，但不耐盐碱土及湿性土壤。

2. 对人类的影响

（1）药用价值

银杏是珍贵的药用植物资源，叶和外种皮等皆可入药。由银杏叶开发的银杏提取物制剂是目前国内外畅销的天然药物之一；由白果开发的各种营养食品也很多。银杏有杀菌杀虫、抗肿瘤、清除自由基、抗衰老等作用。目前，银杏研究的方向在于植物农药、保健食品、饲料添加剂、心脑血管疾病药品等的生产和开发。

（2）经济价值

银杏不仅可以提供大量的优质木材、叶片和种子，同时还可以绿化环境、净化空气、保持水土、防治虫害等，是一个良好的造林、绿化和观赏树种，对我国大江南北农林种植结构调整、平原农区林业的发展具有重要意义。

（3）文化价值

研究人员对银杏的名称演变进行了整理，包括枰、平仲、鸭脚子、圣树、圣果、银杏、白果、公孙树、佛指甲等称呼。近年来，随着农业生态旅游、森林康养旅游等项目如火如荼地开展，银杏文化旅游成为其中的新亮点。银杏文化所具备的旅游开发价值，包括观赏审美价值、康体保健价值、工艺雕刻价值和精神教育价值，为银杏文化的旅游开发奠定坚实基础。

(四) ▶ 相关故事

相传 2000 多年前，我国古代教育学家、儒家学派创始人孔子带领一群青年学子在孔家院内垒土筑坛。坛筑好后学生颜回移来一株小银杏树栽在坛边。当时虽不是栽树季节，但经过精心栽植、用心呵护，小银杏树奇迹般地成活了。孔子凝视着它，看小树苗舒展着嫩绿的叶子，在微风中轻轻摇曳，似乎看到小银杏树迅速长大了，一时间树影婆娑，杏果满枝的样子。他若有所思地自言自语道："银杏多果，象征弟子满天下；树干挺拔直立，绝不旁逸斜出，象征弟子们学成之后利于社稷民生……此坛就取名'杏坛'吧！"从此以后，我国各地孔庙都承袭了栽植银杏的传统。[①]

(五) ▶ 相关图片

---

① 刘家历史说. 神奇银杏的传奇故事［EB/OL］.（2020–05–28）［2021–10–10］. https://baijiahao.baidu.com/s?id=1667939745827172729&wfr=spider&for=pc.

二、松　　树

（一）▶ 简介

松树，松科松属植物的统称，常绿乔木，稀为灌木。世界上的松树种类有几百种。原产中国的松树主要有马尾松、油松、白皮松、罗汉松、华山松、大别山五针松、红松、赤松、黑松、黄山松、云南松、金钱松、樟子松、雪松等。

松树枝条呈轮生状，每年生一轮，可据此估算年轻松树的年龄。树冠蓬松不紧凑。叶有两种类型：鳞叶，单生；针叶，常 2 针、3 针或 5 针一束，多着生于不发育的短枝顶端。球花单性，雌雄同株。果实为球果，于第一年长出，第二年（稀第三年）秋季成熟；熟时一般种鳞张开，种子散出。种子上部具长翅，种翅与种子结合而生。

（二）▶ 起源及演变历程

松属起源于侏罗纪时期，是世界上树木中重要的属之一。经中国科学院植物研究所研究发现，中纬度地区很可能是松柏类植物的进化博物馆；在松属的进化历程中，针叶 3 针一束和 5 针一束的均为多次起源，有些物种因适应不同的种子传播方式而丢失了种翅。通过对气候、土壤、地形（海拔）等环境因子的研究分析发现，地形在松属物种进化过程中起到关键作用，干旱在松属物种进化中起决定性作用，且松属植物对温暖、干燥生境的偏好可能有助于松属物种更好地适应人类世[①]的气候变化。

---

① 人类世是指地球的最近代历史，并没有准确的开始年份。——出版者注

（三）▶ 现状及对人类的影响

1. 现状

世界上的松树不仅种类多，而且分布广。我国松树主要有分布于华北、西北的油松、樟子松、黑松和赤松；华中地区的马尾松、黄山松和高山松；秦巴山区的巴山松等。这些树种多数是我国荒山造林的优良树种。

2. 对人类的影响

（1）观赏价值

城市绿化、景区等都能见到松树的身影。松树四季常青，为单调的冬季带来一抹绿意。

松树在盆景界也有着举足轻重的地位。因松树喜光，耐干，环境适应能力强，针叶浓绿，四季常青，树枝古雅，经过盘曲造型后姿态雄壮，老干苍劲虬曲，在中国有"千年松，万年柏"之说，象征着喜庆、吉祥、长寿。园艺界对松树盆景青睐有加。

（2）生态价值

在我国，红松为国家二级重点保护野生植物。红松的科学性开发，对生物多样性有着重大的意义。

（3）食用价值和经济价值

日常食用的松子就是松树的种子。松子中含有脂肪、蛋白质及糖分等，营养元素丰富，很受人们喜爱。红松作为我国主要的松子来源树种之一，所产松子大而饱满，是我国重要的坚果树种，对于经济发展有重要意义。

（4）用材

松树木材坚固，纹理美观，多为优质木材，可用于建筑及高档家具制造。如中国东北有"木材之王"之称的红松；北美洲西部广为分布的西黄松；原产美国加利福尼亚州沿海、生长速度最快的辐射松；原产于中美洲加勒比海地区的加勒比松；广布于欧亚大陆西部和北部的欧洲赤松等，都是著名的用材树种。

（5）文化价值

自古以来，我国文人雅士对松树就情有独钟。《论语》中，孔子曾赞松曰："岁寒然后知松柏之后凋。"《荀子》则有"岁不寒，无以知松柏。事不难，无以知君子"之句，将松柏与君子并列。宋代以后，文人雅士将松与竹、梅并称为"岁寒三友"。元代杂剧《渔樵闲话》云："那松柏翠竹皆比岁寒君子，到深秋之后，百花皆谢，惟有松、竹、梅花，岁寒三友。"后人借以比喻在逆境困苦中而能保持节操的人们。

（四）　相关故事

相传当年秦始皇到泰山，走到步云桥北，忽遇暴雨，幸而路边有大松树可以躲避。因有护驾之功，秦始皇给松"加官晋爵"，封为"五大夫"，属于九级的官爵，如活至今，则超过 2300 年。不料，1602 年（明万历年间）泰山骤降大雨，把五大夫松冲走了。现存的 3 株是 1730 年（清雍正八年）补种的。但在离五大夫松不远的一处山坡上确有一株古松，人称"望人松"，树龄已达 2300 多年，堪称松树年岁之冠军。泰山普照寺内的六朝松也有 1400 多年了。另外，黄山以有奇松闻名于世，如黄山文殊院附近的迎客松，唐代即有记述，有 1500 多年历史了，树干中部伸出 7.6 米长两大侧枝，如展臂迎客状。[①]

《青　　松》

陈　毅

大雪压青松，青松挺且直。
要知松高洁，待到雪化时。

（五）　相关图片

---

① 昇斗闲人. 老照片：1930 年代山东泰山珍贵影像，泰山极顶、五大夫松、回马岭［EB/OL］.（2021–05–20）［2021–10–10］. https://baijiahao.baidu.com/s?id=17002700188845762170&wfr=spider&for=pc.

三、杉　木

（一）简介

杉木，杉科杉木属的唯一种，乔木，高可达30米。幼树树冠尖塔形，大树树冠圆锥形；大枝平展，小枝近对生或轮生，常成二列状。叶在主枝上辐射伸展，在侧枝基部扭转成二列状，披针形或条状披针形，常弯成镰刀状，革质、竖直且硬，上面深绿色，有光泽，下面淡绿色。雄球花圆锥状，常多个簇生枝顶；雌球花单生或2~3个集生，绿色。球果卵圆形，熟时苞鳞革质，棕黄色，三角状卵形。种子扁平，遮盖着种鳞，两侧边缘有窄翅。花期4月，球果10月下旬成熟。

（二）起源及演变历程

杉木是我国南方重要的用材树种，已有8000多年的应用历史和2000多年的栽培历史。经实验研究发现，我国杉木目前基本都是人工林，天然林已难觅踪迹。距今21300~2500年前，在长江流域及以南和川西盆地中南缘均有杉木天然林分布。全新世杉木天然林分布非常广阔。现代杉木栽培区地理分布范围除了由长江流域向北扩张，并没有超出历史上天然林的可能分布范围，向北的扩张主要是自唐代以后人工引种栽培的结果。可推测，进入全新世后，长江流域及以南和川西盆地中南缘成为杉木天然林的分布区，原因可能与长江流域以南受第四纪冰期的影响较小和杉木物种本身遗传多样性高、适应性强密切有关。杉木不存在单一起源中心或避难所。研究还发现，德昌杉木种源与其他地理种源有不同的遗传结构，原因可能与处于杉木分布区的西南边缘地带，地理位置相对封闭，与其他地理种源的基因交流很少有关。台湾地区的杉木很可能是人工跨越海峡引种栽培的结果。

（三）**现状及对人类的影响**

1. 现状

杉木分布于中国和越南。为亚热带树种，较喜光，喜温暖湿润、多雾静风的气候环境，不耐严寒及湿热，怕风，怕旱。适应年平均温度 15 ~ 23℃，极端最低温度 –17℃，年降水量 800 ~ 2000 毫米的气候条件。

在中国栽培区，北起秦岭南坡、河南省桐柏山、安徽省大别山、江苏省句容市及宜兴市，南至广东省信宜市，广西壮族自治区玉林市及龙州县，云南省广南县、麻栗坡县、屏边县、昆明市、会泽县、大理市自治州，东自江苏省南部，浙江省及福建省北部、西部山区，西至四川省大渡河流域（泸定县磨西镇以东地区）及西南部安宁河流域，杉木均有分布。

2. 对人类的影响

（1）药用价值

杉木树皮含单宁，以根或根皮、树皮、心材及树枝、树干结节、叶、种子、球果、木材中的油脂入药。可辟秽消肿，止痛，散湿毒，下逆气。

（2）经济价值

杉木为中国长江流域、秦岭以南地区栽培较广、生长快、经济价值高的用材树种。杉木树姿端庄，适应性强，抗风力强，耐烟尘，可做行道树及营造防风林。木材黄白色，供建筑、桥梁、造船、矿柱、木桩、电杆、家具及木纤维工业作为原料等。杉木被列入《世界自然保护联盟濒危物种红色名录》。

（3）文化价值

杉木原产于我国，是我国特有的树种，也是古老的孑遗树之一，远在周代就有记载，《尔雅·释木》篇中称杉木为"炎占"。杉木的优良材质、性状是促进人们普遍栽培的原因。晋代咸和四年（329 年），陶侃任长沙太尉时，曾种杉于岳麓山，人称"杉庵"，直到清咸丰二年（1852 年），太平军攻打长沙，杉庵在战火中被毁，照此推算，陶侃种植的杉树存活了 1500 多年。宋代理学家朱熹还曾作诗《题中峰杉径》，诗中写到："好把稚杉缘径插，待迎凉月看清华。"

（四）　相关故事

女儿杉

在福建省西北山区流传着这样的风俗：女儿一出生，便要在肥沃山地栽种一片杉木，待女儿出嫁时，将其作为女儿嫁妆。明弘治年间由黄仲昭编纂的《八闽通志》中记载，闽中一带"土人生女可种百株，木中梁栋，其作嫁妆使用，其女作笄，借为奁资"。"笄"指女人束发的簪子，"奁"指女人梳妆用的奁盒，说的就是当地人生女要种杉百棵，以作女儿奁资一事。①

万木林

福建省万木林原名万木山，又称万木园，据明嘉靖年间的《建宁府志》记载，在元末饥荒之年，乡绅杨达卿以"植杉一株，偿粟一斗"的方式募民营造杉木林，又解决了荒年赈饥问题。杨家后代族人认为种树是善举，随即作为杨家风水林，因世袭封禁保护，逐步演替为常绿阔叶林。1980年，万木林作为人类保护森林与自然演替的典范，被福建省划为省级自然保护区。②

（五）　相关图片

---

　　①　佚名. 杉木：你真的了解我吗？[EB/OL].（2020–10–17）[2021–10–11]. https://www.sohu.com/a/425481048_278830.

　　②　佚名. 树木传奇 | 杉木，好把雅杉沿径插 [EB/OL].（2019–11–25）[2021–10–10]. https://m.thepaper.cn/baijiahao_5059568.

四、橡　树

（一）　简介

橡树，又名栎树、柞树，为壳斗科植物的统称，包括栎属、青冈属及柯属等。落叶或常绿乔木，高达 25～30 米，甚至更高。单叶，互生，极少轮生，叶缘有全缘、齿裂、不规则的羽状裂等类型。花单性，雌雄同株，花序下垂或直立。果实为坚果，外面包裹着总苞，总苞看起来像烟斗，故名"壳斗"。壳斗一般包着坚果一部分，极少数为全包。每壳斗内有 1 枚坚果。壳斗外壁的小苞片有鳞形、线形和钻形等，覆瓦状排列，紧贴或开展。坚果当年或翌年成熟。

（二）　起源及演变历程

在世界各地不同地质时期的地层中，都发现有壳斗科植物的印痕、花粉等各类化石。研究发现，第三纪时期，壳斗科植物的分布区远大于现在该科植物的分布界限。以中国而言，在东北各地，以及山东省、云南省和四川省西部，先后发现了属于第三纪各时期的栎属、柯属和栗属植物的叶化石。在西藏自治区日喀则市的昂仁县和南木林县境内也先后找到属于晚白垩纪至第三纪的多种栎属化石；在希夏邦马峰北坡海拔 5700～5900 米处，属于中至晚新世的植物化石层中找到许多高山栎类的叶化石。

（三）　现状及对人类的影响

1. 现状

橡树目前广泛分布于欧洲、亚洲、北美洲和南美洲等地。在我国主要分布在辽宁省营口市熊岳镇，北京市，山东省泰安市、青岛市，河北省西部山区，湖北省西部山区（恩施市、长阳土家族自治县），河南省，陕西省安康市。

2. 对人类的影响

（1）经济价值

橡木中充斥着许多蜂窝状结构，内部饱含空气，所以弹性很好。橡木本身十分耐磨，多用作发动机缸垫的原料。另外，这种纯天然的材料对人体无任何危害，防潮、防虫蛀，可以保证储藏在阴暗潮湿酒窖中的葡萄酒不会随着岁月一同流逝，因此被广泛用于葡萄酒和香槟酒的酒塞生产中的历史已有100多年。

（2）食用价值

橡果具有解毒、止血、抗菌、消炎等生物活性。橡子外壳硬，棕红色；内仁如花生仁，含有丰富的淀粉，含量达60%。

（3）园林绿化

橡树寿命长，叶片油亮有光泽，是世界上最高大的开花植物。植株的抗逆性强，对环境的适应能力也很好，可以在全世界范围内栽培，是很好的园林绿化材料，广泛种植于公园、街道以及家庭庭院中，为人们提供凉爽的庇荫和赏玩之处。

（四）▶ 相关故事

相传在宙斯神殿里的山地森林里矗立着一棵具有神力的参天橡树，橡树叶的沙沙声就是主神宙斯对希腊人的晓喻。许多国家皆将橡树视为圣树，认为它具有魔力，是长寿、强壮和骄傲的象征。橡树材质坚硬，树冠宽大，有"森林之王"的美称。人们常把红丝带系在橡树上来表示对远方亲人的盼望与思归。

在英国和法国，早期的巫师被称为德鲁伊特。这个名字来自凯尔特语，意思是"知道橡树"。这些"知道橡树"者，属于社会当中最早的一批知识分子，一般担任当地的祭司、教师和法官。在欧美文化中，橡树是力量的象征，与权威相连。它象征非凡的威仪、特别的气度和神秘的力量。希腊神话中，宙斯的祭司在施行求雨的巫术时，会手持橡树枝往圣泉中蘸水。

在古罗马人的结婚仪式上，橡树的树枝是必不可少的，目的是增进新婚夫妇的感情融洽、祝福他们多子多孙。德语中就有谚语说"一掌推不倒一棵橡树"。①

（五）▶ 相关图片

① 佚名. 橡树的特点象征着什么［EB/OL］.（2021-11-17）［2021-11-30］. https://wenku.baidu.com/view/17dc96d253e2524de518964bcf84b9d528ea2c9b.html.

五、红 豆 杉

（一） 简介

红豆杉，红豆杉科红豆杉属常绿乔木或灌木。叶排成两列，条形，直或镰刀状，长1～3厘米，宽2～4毫米，叶尖常微急尖，正面深绿色，有光泽，背面淡黄绿色。花雌雄异株，球花单生叶腋；雄球花圆球形，有梗，雄蕊6～14，盾状，花药4～9，辐射排列；雌球花几乎无梗，胚珠直立，基部托以圆盘状的珠托，受精后珠托发育成红色肉质杯状的假种皮。种子坚果状，生于杯状肉质假种皮中，成熟时假种皮红色，当年成熟。因假种皮颜色醒目，极易辨认。

（二） 起源及演变历程

红豆杉起源于古老的第三纪。经远古第四纪冰川时期地质构造的运动和地形地势的变化，使它在特殊的环境中遗留下来，形成了明显的地理种群隔离。自然分布极少，仅分布在北半球的温带、寒温带、热带和亚热带的高山地区。红豆杉素有植物王国的"活化石"之美誉。

（三） 现状及对人类的影响

1. 现状

分布于北半球。产于中国山西省、陕西省和甘肃省南部，河南省东北部、湖北省西部、湖南省西北部、广西壮族自治区北部，西至四川省、云南省东部、安徽省南部、浙江省和福建省；越南北部也产。暖温带至北亚热带树种，生长在海拔1100～2500米山溪边、竹林、阔叶混交林中。关于红豆杉，我国就有5个种，其中一个是变种——南方红豆杉。

2. 对人类的影响

（1）药用价值

在中国古代医学著作中，红豆杉的药用价值已被记载。明代《本草纲目》中有"治疗霍乱、伤寒、排毒之效应"。清代《本草推新》中记载，"紫杉（即红豆杉）可入药，其皮易引起呕吐，木部及叶则不吐且利尿、通经，治疗肾脏病、糖尿病"。现代医学辞书《中药大辞典》中记载，"东北红豆杉叶富含双酯类化合物，枝含紫杉碱；茎皮含具抗肿瘤和白血病的紫杉醇；心材含紫杉素化合物"。

红豆杉作为药用资源植物，是当今社会研究的热点。19世纪，人们从红豆杉中提取了紫杉醇类化合物，使得人类对癌症的治疗进入了一个新的时期。红豆杉也因而被誉为医学上的"第三棵树"。红豆杉的茎、枝、叶和根均可入药，被称为"黄金树""植物大熊猫"。

（2）生态价值

红豆杉属的所有种皆被列为濒危植物，天然植株全部被列为禁伐木。可以通过种植红豆杉人工林开辟新的资源途径，来缓解世界市场对红豆杉的大量需求。

（3）观赏价值

红豆杉四季常青，树形古朴，枝条舒展稠密，果实红满枝头，红绿相间、艳丽多姿，色彩与奇特的果形美学价值和艺术观赏价值极高，是优美的观叶、赏果树种。红豆杉作为高大乔木或低矮灌木可与其他植物搭配，构成生动活泼的自然景观，产生韵律感和层次感的艺术效果。

（四）相关故事

传说，世上原本没有红豆杉这种植物。一天，一只鸟儿因痛失爱女而怀着悲怆之情播下了一粒种子，并用带有魔力的泪水浇灌它。慢慢地，种子发芽并长成了大树，这就是红豆杉。随着时间流逝，鸟儿死去了，但红豆杉还一直在等待它的恩人，并告知它的儿女们要世世代代记得鸟儿的恩情。它的子孙后代也一直在等待"爱"的归来。人们常说，如果在红豆杉树下静静聆听，能听到不一样的声音。①

---

① 佚名. 每日一味中药：红豆杉［EB/OL］.（2019-10-23）［2021-10-10］. https://www.sohu.com/a/348949523_657231.

（五）▶ 相关图片

六、黄花梨

（一）简介

　　黄花梨，学名降香。乔木，高 10～15 米，小枝有小而密集的皮孔。羽状复叶长 12～15 厘米；小叶 4～6 对，卵形或椭圆卵，长 3.5～8.0 厘米，先端急尖而钝，基部圆或宽楔形，两面无毛。圆锥花序腋生，由多数聚伞花序组成；苞片近三角形，小苞片宽卵形；花萼钟状；花冠淡黄色或乳白色。荚果舌状长圆形，长 4.5～8 厘米，宽 1.5～1.8 厘米，果瓣革质；种子肾形。

（二）起源及演变历程

　　原产中国海南省吊罗山尖峰岭低海拔的平原和丘陵地区。黄花梨在历史上曾被称为花榈、榈木、花梨、花梨木、老花梨、新花梨、海南黄花梨、海南檀、降香檀、降香黄檀等。历代古籍中也有关于黄花梨的记载，唐代陈藏器在《本草拾遗》中说："花榈出安南及海南，用作床几，似紫檀而色赤，性坚好。"明代王佐在《新增格古要论》中记载："花梨出南番广东，紫红色，与降真香相似，亦有香，其花有鬼面者可爱，花粗而淡者低。"李时珍在《本草纲目》"榈木拾遗"一条中提出："（榈木）木性坚，紫红色。亦有花纹者，谓之花榈木，可作器皿、扇骨诸物。俗作花梨，误矣。"李时珍认为平时众口广传的"花梨"说法不当，有花纹的榈木应为"花榈木"。清代李调元的《南越笔记》也记载："占城，本古越裳氏界。洪武二年，其主阿答阿首遣其臣虎都蛮来朝贡，其物有乌木、苏木、花梨木等。"《南越笔记》卷十三又记载："花榈色紫红，微香。其文有若鬼面，亦类狸斑，又名花狸。"

(三) ▶ 现状及对人类的影响

1. 现状

黄花梨分布在世界上的许多地方，包括中国海南省、东南亚一些国家，以及非洲、南美洲等。根据《中国树木志》记载，海南省白沙、东方、昌江、乐东、三亚、海口为主要产区，一般生长于海拔 350 米以下的山坡上。其中，海南黄花梨不论是材质还是纹理上都是世界上公认的最好的黄花梨。黄花梨目前为国家二级保护植物。

2. 对人类的影响

（1）药用价值

黄花梨木的药用价值非常高，香气有助于改善睡眠，尤以床榻类家具的作用最为明显。黄花梨可疏解喉咙发痒的咳嗽症状，减轻头痛，提高身体免疫力。

（2）用材

海南黄花梨花纹美丽、色泽柔和，有香味，容易进行深颜色和浅颜色的调配，可表现出浅黄、深黄、深褐色、紫色。也适合镶嵌，具有加工性能良好、软硬轻重恰好、不易变形等特点，特别适宜制作榫卯，所以是极佳的木料选择。因海南黄花梨的树木生长极其缓慢，木性和品质居世界众多名贵木材之首，被国内誉为"国宝"、红木中的"大熊猫"等。

(四) ▶ 相关故事

在"花梨之乡"海南省的俄贤岭，一直流传着一个美丽动人的神话爱情故事。说的是在荒古年代，一次洪水泛滥，淹没了俄贤岭山脚下的大地。当滔天的洪水吞噬一切生灵的时候，一对黎族青年恋人——阿贵和娥娘，正在猕猴岭的高滩石洞里幽会。阿贵是讲美孚方言的一个黎峒峒长的儿子，是个富有正义感且性格十分刚强的小伙子；娥娘是当地讲哈方言的一位貌若天仙的黎族姑娘，勤劳贤惠，十里闻名。可是，按照当时黎族的婚俗习惯，不同方言的人是禁止通婚的。因此，阿贵与娥娘的恋爱一开始就遭到双方父母和族人的极力反对与阻挠，阿贵与娥娘只好私下偷偷相爱，没想到这次却被困在了石洞之中。眼看着洪水很快就要淹没石洞，阿贵与娥娘急中生智砍来树藤和一根大木头，然后紧紧地把身体捆绑在木头上，随着洪水一路漂荡。结果，洪水把他们冲到了当地黎族始祖的神山——俄贤岭上，紧紧夹在两棵并排的花梨古树中间。当他们醒过来的时候，山上的洪水已经退去，但山脚下仍是一片水天茫茫的惨相。面对着这悲惨的景象，阿贵和娥娘沉浸在极度的悲伤之中。这场突如其来的水灾，使他们失去了亲人、失去了家园，却又促成了这一桩美好的姻缘。作为这场灾难的幸存者，阿贵与娥娘患难与共，相互扶持着从悲痛中走了出来。他们一起打猎，一起采野菜，顽强地生存下来。

一年后，阿贵与娥娘选了个良辰吉日，拜了天地，拜了祖山，并在那两棵保全他们生命的花梨古树面前互相对拜，结成恩爱的夫妻。阿贵与娥娘在俄贤岭上生活了几十年，养育了9个身强力壮的儿子。儿子们长大后，阿贵与娥娘让9个儿子分别下山，并各自娶妻，繁衍后代。若干年后，这9个儿子成了9个黎峒的峒长。阿贵与娥娘死后，儿子们根据父母的遗嘱，把他们埋在俄贤岭上那两棵有救命之恩的花梨古树旁边。9个儿子还发动9个峒的同胞，在9座山峰上都种植了99棵花梨树。多年以后，人们发现了一个神奇的现象，在当年娥娘他们攀越过的9座山峰上，都会有一两棵花梨古树的叶子在阳光的照射下闪烁出淡黄色的光圈，人们认定那就是黄花梨树。①

（五） 相关图片

---

① 符亚共，符公雅，符色开. 阿贵与娥娘的故事［EB/OL］.（2011–05–13）［2021–10–10］. http://dongfang.hainan.gov.cn/ztzl/hhlgjwhj/ysjl/201105/t20110513_1194189.html.

七、橡 胶 树

（一）▶ 简介

橡胶树，大戟科橡胶树属落叶大乔木，高可达 30 米，树体含有乳状汁液。指状复叶具 3 片小叶，叶柄长达 15 厘米；小叶椭圆形，长 10～25 厘米，宽 4～10 厘米，顶端短尖至渐尖，基部楔形，全缘，两面无毛，小叶柄长 1～2 厘米。花序腋生，圆锥状，长达 16 厘米，被灰白色短柔毛。外果皮薄，干后有网状脉纹，内果皮厚、木质。种子椭圆状，淡灰褐色，有斑纹。不宜在低湿的地方栽植，适于在土层深厚、肥沃而湿润、排水良好的酸性沙壤土生长。

（二）▶ 起源及演变历程

"橡胶树"一词，来源于印第安语 cau-uchu，意为"会哭泣的树"，原产于亚马孙森林，1873 年被移植到英国邱园。1877 年，22 株三叶橡胶树被运至新加坡，1898 年传到马来半岛，于 1904 年被引种到中国。

在橡胶的史前时期，只有南美洲的印第安人进行简单的开采和利用。公元前 500 年左右，墨西哥特瓦坎一带因生产橡胶而形成了一个橡胶之国——奥尔麦克王国。在一幅 6 世纪的壁画上，画有阿兹特克人向部落首领进贡生胶的情景。橡胶可能还被用于一些重要的仪式。一位西班牙人在他所著的书中提到，在阿兹特克人的首领蒙提祖马二世举行的仪式上，他的子民跟随歌曲的拍子舞动黑色的胶球。

(三)　现状及对人类的影响

1. 现状

橡胶树原产巴西以及秘鲁、哥伦比亚、厄瓜多尔、圭亚那、委内瑞拉和玻利维亚。现已布及亚洲、非洲、大洋洲、拉丁美洲的多个国家和地区。种植面积较大的国家有印度尼西亚、泰国、马来西亚、中国、印度、越南、尼日利亚、巴西、斯里兰卡、利比里亚等。我国植胶区主要分布于海南省、广东省、广西壮族自治区、福建省和云南省,台湾地区也可种植,其中,海南省为主要植胶区。

2. 对人类的影响

（1）经济价值

橡胶树树皮割流的乳汁是加工天然橡胶的原料。天然橡胶木因具有很强的弹性和良好的绝缘性、可塑性、隔水、隔气、抗拉和耐磨等特点,广泛地运用于工业、国防、交通、医药卫生领域和日常生活等方面,用途极广。种子含油量达22%~25%,为半干性油,是油漆和肥皂的原料。果实的木质果壳坚硬,可作为制优质活性炭及醋酸等的化工原料。木材质轻、花纹美观,加工性能好,经化学处理后可制作高级家具、纤维板、胶合板、纸浆等。

（2）文化价值

经过近百年的大力发展,中国已是世界上第六大天然橡胶生产国和最大的橡胶消费国。与此同时,中国人还形成了自己独特的橡胶文化。文学方面也有很多颂扬橡胶树的诗歌、散文等。橡胶(树)在极大丰富了人们的物质生活的同时也丰富了人们的精神生活。

(四)　相关故事

随着南美洲橡胶种植业的衰败,亚洲成为世界上最大的橡胶树种植区域,马来西亚更是取代巴西成为新的橡胶王国。到了1939年,第二次世界大战再一次提高了对橡胶的需求,同时也隔断了正常的橡胶贸易。由于人工合成橡胶无论是产量还是品质都比不上天然橡胶,几大参战国不得不想尽办法寻找天然橡胶的来源。美国依靠巴西的残余产能苦苦支撑，德国及苏联则是尝试从其他产生胶乳的植物来获取橡胶，日本则是对离自己不远的产胶国产生了"浓厚兴趣"。

为了实现南下的目标，日军必须打败当时控制着太平洋的美国海军。于是，日军发动了对珍珠港的偷袭，试图短期内瘫痪美国的太平洋舰队。偷袭珍珠港最终迫使美国参战，促使同盟国战线形成，并最终取得胜利。①

（五）▶ 相关图片

① 佚名. 橡胶树兴衰史：从南美到亚洲［EB/OL］.（2018-11-18）［2021-10-10］.
https://www.sohu.com/a/276215861_772926.

八、红　树

(一) 简介

红树是一类生长在热带、亚热带海洋潮间带的木本植物。红树的树叶还是绿色，但它们的枝条和树干断面的单宁酸极易被氧化而呈现红色，因此而得名。而由红树植物构成的树林，就叫作红树林。红树植物的体型千姿百态，根系发达，盘根错节，树冠生长繁茂，是一道美丽的海上风景线。

依据红树植物在潮间带的分布，将其分为真红树植物和半红树植物两大类。

真红树植物是专一性生长在潮间带的木本植物，只能在潮间带环境条件下生长繁殖，在陆地环境不能繁殖。

半红树植物是既能在潮间带生存，又能在海滩上成为优势种，还能在陆地环境中自然繁殖的木本植物，具有两栖性。

(二) 起源及演变历程

根据红树科植物化石研究发现：该科植物可能于古新世至始新世早期起源于特提斯海[①]沿岸；中始新世开始，该科植物从这一起源中心向世界其他地方迅速扩散，包括亚洲、欧洲、非洲、大洋洲和美洲等地；渐新世时在欧洲的化石记录消失；中新世时在亚洲、非洲、大洋洲和美洲达到了极盛期；上新世时分布范围缩小，更新世则进一步缩小，直到全新世又重新繁盛起来。这一分布格局和演变与地质时期大陆漂移、洋底扩张、第四纪冰川等活动密切相关。

---

① 特提斯海是位于北方劳亚古陆和南方冈瓦纳古陆间的古海洋，又称古地中海，现代地中海是特提斯海的残留海域。

（三）▶ 现状及对人类的影响

1.现状

红树分布于东南亚热带、美拉尼西亚、密克罗尼西亚、澳洲北部和亚洲东部的中国。在中国分布于海南省（海口市、文昌市、乐东黎族自治县和三亚市）。生长环境主要在泥质海滩上，少数生长在海边沙滩上。在黑色泥质土壤条件下，由于土壤通气性不良和盐质生境以及风浪的作用，红树有许多生理和形态方面的适应性，如气生根、呼吸根以及胎生幼苗等。红树不耐寒，要求年平均温度24.7℃，绝对低温3.3℃以上。

2.对人类的影响

（1）药用价值

红树的根、茎、叶、果实都具药用价值。红树林生长地区的居民一直在代代相传用红树治疗一些疾病，如肿瘤、淋巴结、颈椎病、风湿病、乳腺增生等。它的药用价值正逐渐被世界各地研究人员关注。

（2）用材

红树的材质硬而重，纹理通直，结构密致，耐腐性强。产于中国的红树木材能作为把柄、车轴和其他强度大的小件用材。其燃值高，极易劈开，也是一种良好的薪炭材。

（3）生态价值

红树树形奇特，种子在果子未脱离母树前即行发芽，又称为胎生树，具有较强的观赏价值，也可盆栽观赏。

红树林素有"海上森林""海底森林""海岸卫士""海水淡化器"等美称。红树可净化海水，有利于生物多样化。为海洋生物提供了理想的生长发育、栖息、避敌场所，吸引着大量海鸟、鱼、虾、蟹、贝等生物来此觅食栖息，繁衍后代，对地区生态起着平衡作用，对保护环境具有重要意义。

（四）▶ 相关故事

广西壮族自治区北海市流传有"红树开花"的故事。传说，兴盛清朝的孝庄文皇后（大玉儿），花容能倾国倾城，智慧可兴国安邦，慈悲容载天下，敢爱敢恨。但因皇室争斗，大玉儿被囚于五华山庄，失去了往日的尊容，从此被打入冷宫。有一日，宜兴和北海同时传报奇闻，终日不见阳光的宜兴集灵谷阳光斜照出现一线天，北海红树林也全都开花了，正如唐代诗人张祜在《集灵台·其一》中所描述的那样，"日光斜照集灵台，红树花迎晓露开"。大玉儿终获平反，一场宫廷的争斗也烟消云散了。①

（五）▶ 相关图片

---

① 佚名. 孝庄文皇后与红树的故事［EB/OL］.（2010-10-27）［2021-10-11］. http://blog.sina.com.cn/s/blog_63edf2390100n5hm.html.

九、杨　树

（一）▶ 简介

　　杨树，杨柳科杨属植物的统称。树干端直，树皮通常灰白色，平滑，仅老树基部粗糙。单叶互生，多为卵圆形、卵圆状披针形或三角状卵形，常有茸毛；叶柄侧扁或近圆柱形。葇荑花序下垂，常先叶开放。蒴果具毛或无毛，2～4瓣裂。

（二）▶ 起源及演变历程

　　古杨群（杨树的直接祖先）可能在白垩纪中期起源于西冈瓦纳古陆，又扩散至各地，并在迁移的过程中进一步分化发展。杨属可能在第三纪中、晚期先后发生和分化于古地中海东部地区，后来扩散至欧亚大陆并陆续通过白令海峡迁移至北美大陆。胡杨可能在白垩纪中、晚期起源于非洲陆块，并逐步扩散至劳亚古陆；后来，统一的胡杨组区系因劳亚古陆的断开和撒哈拉大沙漠的形成而被分割为远离的、独立发展的几个部分。

（三）▶ 现状及对人类的影响

1. 现状

　　杨属有50多个天然种（还有众多的天然杂种和人工杂种），自然分布于北纬30°～70°。我国目前有60多种。

　　杨树在我国分布广泛。在辽宁省（南部）、河北省、山东省、山西省、陕西省、甘肃省、河南省、安徽省、江苏省、浙江省等地均有分布，以黄河流域中、下游为中心分布区。

　　杨树喜生于海拔1500米以下的温和平原地区。深根性，耐旱力较强，在黏土、壤土、沙壤土或低湿轻度盐碱土上均能生长。在水肥条件充足的地方生长最快，20 年即可成材，是我国速生树种之一。

2. 对人类的影响

（1）药用价值

现代药理研究证明，杨树中有些植物皮含有皂苷、强心苷、黄酮苷、酚类、蛋白质、氨基酸，性味苦、甘，性寒，可入药。

（2）用材

杨树木材白色，纹理直，纤维含量高，易干燥、易加工，油漆及胶结性能好，可做建筑、家具、箱板及火柴杆、造纸等用材。杨树还是人造纤维的原料，材质好，是不可多得的工业用材树种。

（3）生态价值

杨树生长快，树干通直挺拔，主根和侧根发达，适应性强，较耐干旱和盐碱，树姿雄壮、冠形优美，是速生林、防护林和行道河渠绿化的优良树种。

（四）　相关故事

战国时期，田需得到魏王重用后，魏国的一部分大臣便常亲近张仪、公孙衍而故意疏远田需，这使得田需在朝廷的人缘越来越不好。魏国老臣惠子（惠施）看到田需的窘境，上前提点道："您一定要善待大王身边的人啊！您看那杨树，它横着栽能活，倒着栽也能活，折断了栽还能活。然而就算让十个人来栽树一个人来拔，那么也不会留一棵活树。以十人之力去栽种容易成活的东西，却敌不过一个人的毁坏，这是为什么呢？这是因为栽树难而毁掉它却很容易啊。如今你虽然在魏王面前取得了信任，可是想排挤你的人太多了，将来你必然要遭遇危险。"在惠子看来，孤臣就像杨树一样，看起来坚不可摧、风雨难折，但也终难逃人力砍伐拔除。田需听后很是震惊，觉得很有道理，从此开始更加注意维护自己的人际关系，和其他大臣的关系逐渐好了起来。这就是"树杨之喻"的故事。[①]

---

① 佚名. 战国策·魏二·田需贵于魏王［EB/OL］.（2019-05-21）［2021-10-11］. https://jiuaidu.com/shiwen/6315/.

（五）▶ 相关图片

十、柳　树

（一）▶ 简介

柳树，杨柳科柳属落叶植物统称。乔木或灌木。枝圆柱形，髓心近圆形。无顶芽，侧芽通常紧贴枝上。叶多为互生，狭而长，多为披针形，具羽状脉，有锯齿或全缘，叶柄短。葇荑花序直立或斜展，先叶开放或与叶同时开放，少见后叶开放。蒴果 2 瓣裂；种子小，多暗褐色。目前，柳絮对环境与人们生活的影响已引起重视。

（二）▶ 起源及演变历程

柳属植物有 400 多个天然种（以及大量的天然杂交种）。据研究，柳树从原始被子植物到现代柳树经历了漫长而曲折的演化历程。古柳群大约在白垩纪中期起源于西冈瓦纳古陆，并在广为扩散过程中沿着不同方向进一步演化发展，现存的柳属则为后裔。一部分柳属植物可能在白垩纪晚期发生于西冈瓦纳古陆的非洲；先辐射分布于古陆本土（后又因古陆的分裂而存在于非洲大陆、马达加斯加岛和南美洲），后逐步扩散至劳亚古陆；统一的劳亚柳属植物区系又因欧亚陆块与北美陆块的完全分离而被分割为各自独立发展的两个部分。另一部分柳属植物大约在第三纪中、晚期发生于古地中海东部地区，后逐步散播于欧亚陆块，并经过白令地区迁移至北美洲。

（三）▶ 现状及对人类的影响

1. 现状

柳树自然分布于南纬 52° 至北纬 82°，从海平面附近至海拔 5000 米左右，从南温带到北寒带的非洲、南美洲、亚洲、欧洲和北美洲（大洋洲和南极洲无自然分布的柳树）都有分布。

柳树喜光，喜温暖湿润气候及潮湿深厚之酸性及中性土壤。较耐寒，特耐水湿，亦能生于土层深厚之高燥地区。萌芽力强，根系发达，生长迅速。对有毒气体有一定的抗性，并能吸收二氧化硫。但某些种受虫害影响比较严重，寿命较短，树干易老化。

2.对人类的影响

（1）药用价值

我国医药学家很早就发现了柳树的药用价值。阿司匹林的主要有效成分就提取自柳树树皮，目前已经成为防治心脑血管疾病而广泛使用的药物，对世界医药学进展起了很大的推动作用。现代科学证明，柳树中的垂柳，皮可治感冒；花可治吐血、咯血等；近年来还发现，垂柳可以防治急性传染性肝炎、慢性气管炎、心绞痛、冠心病，还可治疗烧烫伤等。

（2）园林绿化

柳树适应性强，从黑龙江省哈尔滨至云南省西双版纳均能生长；耐水淹，可在淹没中生长不定根；速生萌芽力强，为优美园林乡土树种，亦植为固堤防浪林、湖滩沼泽地生态保护林。

（3）文化价值

柳树在古文、诗词、绘画中被借用较多，经常用来抒发情怀。《诗经》中有"昔我往矣，杨柳依依，今我来思，雨雪霏霏"的优美诗句。传诵的经典诗句还有"碧玉妆成一树高，万条垂下绿丝绦。不知细叶谁裁出，二月春风似剪刀"。

（四）　相关故事

在战国时期，楚国大将养由基因箭术高超而闻名于世。相传他能站在距离柳树一百步远的地方对着柳树叶接连射出一百支箭而箭箭射中。百姓都赞其有"百步穿杨"的技能（古时杨柳指柳树）。一天，养由基又在公众场合演示"百步穿杨"之术，围观群众都拍手叫好、赞不绝口，只有一位老者没有附和。养由基心里很是不悦，他走上前问老者："这位老先生，您对我不满意，难道是想教授我射箭之术吗？"老者说道："我并不能教你射箭，只是觉得能做到百步穿杨固然是好，但是如果打仗时间持续越久，人的精力难免会降低，到时候难免有失手射不中的时候。"老者本是为了劝说养由基不要过于骄傲，因为对武功的追求是永无止境的。但是养由基并未理解老者的良苦用心，仍然我行我素，非常自负。后来在一次战斗中，养由基因被对方箭手射中而身亡。①

（五）▶ 相关图片

　　① 佚名. 中华成语故事——百步穿杨［EB/OL］.（2018-04-28）［2021-10-11］. https://baijiahao.baidu.com/s?id=1598915960633869346&wfr=spider&for=pc.

十一、桉 树

(一) ▶ 简介

桉树，桃金娘科桉属植物的统称。常绿乔木，树皮厚而宿存或平滑而年年脱落。叶两型，幼态叶对生，叶片厚革质、卵形，长 11 厘米，宽达 7 厘米，有柄；成熟叶互生，卵状披针形、厚革质，不等侧，长 8 ~ 17 厘米，宽 3 ~ 7 厘米；叶柄长 1.5 ~ 2.5 厘米。伞形花序或圆锥花序，有花 4 ~ 8 朵，白色，少数红或黄色，总梗扁，长在 2.5 厘米以内；花梗短、长不过 4 毫米，有时较长，粗而扁平。蒴果卵状壶形，长 1 ~ 1.5 厘米，上半部略收缩，蒴口稍扩大，果瓣 3 ~ 4，深藏于萼管内。

(二) ▶ 起源及演变历程

桉树自然分布于大洋洲大陆，少数种原产马来群岛中帝汶等岛屿。1770 年始被发现和定名。

桉树起源于白垩纪末，在始新世和中新世已经有了斜脉序和纵脉序的种。它的原始类型具有中生系构造特点，进化主要在大洋洲顺应着地质史的变化而进行。

1982 年，中国科学院研究人员在四川省西部地区海拔 3700 米的理塘县晚始新世地层中采到多个桉属植物化石标本，有叶、花蕾和果实化石，初步鉴定为热鲁桉。可以设想，在距今 5000 万 ~ 4000 万年前，我国的西藏自治区、四川省等地分布着大片的桉属植物。后来，由于强烈的喜马拉雅山造山运动，使该地区地壳隆起，桉属植物不适应高寒的气候而消亡，其适生地逐步南移，经马来西亚移至大洋洲，以致现今的澳大利亚成了桉属植物的主要分布中心。

我国引种栽培桉树始于 1890 年。当时，从意大利引进多种桉树到广州、香港、澳门等地，同年从法国引进细叶桉到广西壮族自治区的龙州县。1894年，福建省福州引进了野桉。1896年，云南省昆明引进了蓝桉。1910年，四川省的西昌、遂宁引进了赤桉。1916年，粤汉铁路广州至衡阳段栽植了大叶桉。此外，我国引种栽培较早的地方还有广东省的汕头。

（三）现状及对人类的影响

1. 现状

在我国，桉树主要分布于广西壮族自治区、广东省、云南省、四川省、福建省等地，最北可到四川省成都和陕西省汉中。桉树种类多、适应性强，从热带到温带，有耐 -18℃的二色桉、冈尼桉及耐 -22℃的雪桉。从滨海到内地，从平原到高山（海拔2000多米），年降水量250～4000毫米的地区都可生长。桉树树形变化也大，包括世界罕见的树高达百米的大树，也有矮小并多干丛生的灌木，还有一些既耐干旱又耐水淹的树种。

桉树多见于阳光充足的平原、山坡和路旁，全年可采叶。生长在酸性的红壤、黄壤和土层深厚的冲积土上。主根深，抗风力强，但因为根系发达，蒸腾作用也大，号称"抽水机"，容易造成土壤沙化，不利于其他植物生长。多数根颈处长有木瘤，具有储藏养分和萌芽更新的作用。一般造林后3~4年即可开花结果。

2. 对人类的影响

（1）经济价值

桉树木材是优良的制浆造纸原料。很多桉树的树皮可以提制栲胶。桉树叶片提炼出的桉多酚，具有杀菌、美容、抗衰老等保健作用。此外，桉树花分泌的花蜜量大、成色好，是非常优秀的蜜源植物。

（2）园林绿化

在我国岭南地区，人们只要稍加留意都会发现生活中处处有桉树，如路旁的行道树、水边的防风固堤林等。有些桉树还作为优美的庭院树种加以种植。如观赏桉，相对一般桉树，在枝条、叶子、颜色等方面优美独特，色彩艳丽、花大量多，具有很高的观赏价值。在广东省广州市有许多著名的古桉树，已经成为城市风景不可或缺的一部分，也是岭南园林主要的组成部分。

（3）文化价值

桉树是英国植物学家与库克船长去澳大利亚探险时发现的。桉树在澳大利亚形成独特的森林地理景观，成为绘画、摄影和诗歌等文学艺术作品描绘的对象。在有些国家，桉树象征着刚正端直、不屈不阿、挺拔伟岸、向上奋进。

（四）▶ 相关故事

植物学家发现，凡是桉树在所有树木中占绝对优势的地方，以前都发生过森林火灾。植物学家对各地区发生过火灾的森林历史资料进行分析时有一个令人惊讶的发现：桉树"喜欢"火灾，每一次火灾都能让它们快速生长。

植物学家揭秘桉树有一个明显的特点，树枝不像其他树木一样是沿着树干慢慢向上生长，树干下部基本没有树枝，到了树梢之后，才长出长长的树枝，缓缓垂于近地面处。当火灾发生时，近地面的火焰只能沿着垂于地面的树枝向上蔓延，而无法焚烧桉树的树干。而其他树木就没那么幸运，因为它们从下到上长满了枝叶，一旦发生森林大火，树干会被树枝燃起的熊熊大火烤焦，失去了重新复苏的机会。

桉树的生存之道让人叹为观止。没有发生火灾前，在茂密的森林中，它争夺不到太多的阳光和养分，大火过后，地面上的小树悉数死亡，高于桉树的树木因为被火烧而无法再阻挡阳光。雨水降临，桉树便开始迅速地生长。①

（五）▶ 相关图片

---

① 佚名. 桉树的生存之道［EB/OL］.（2019—10—31）［2021—10—11］. https://www. ruiwen.com/zuowen/zheligushi/1926132.html.

十二、桑 树

（一）▶ 简介

桑树，桑科桑属植物的统称。落叶乔木或灌木，高可达 15 米，树体富含乳浆。叶卵形至广卵形，叶端尖，基部圆形或浅心形，边缘有粗锯齿。叶面有光泽，无毛；叶背有疏毛。5 月开花，花雌雄异株，荑荑花序。果期 6—7 月，聚花果卵圆形或圆柱形，成熟时红色、紫色，也有淡白色，即深受人们喜爱的桑葚。

（二）▶ 起源及演变历程

我国是蚕桑生产的发源地，也是桑树的起源中心。近代考古证明，在 5000 多年前我国就有桑树的人工栽培，是有文献记载最早栽培桑树的国家。我国古代桑树栽培主要集中在巴蜀、江南、珠三角和中原地区。现在朝鲜、日本、蒙古及中亚、欧洲各国等有分布，印度、越南亦有栽培。由于桑树利用和栽培历史悠久，经过长期自然选择和人工选择，形成了种类繁多、品种多样的桑树种质资源。

（三）▶ 现状及对人类的影响

1. 现状

桑树原产我国中部和北部，现由东北至西南各地、西北直至新疆维吾尔自治区均有栽培。

2. 对人类的影响

（1）药用价值

桑树药用在很多药典中有记载。《藏本草》中有桑葚治骨热病；桑木、桑枝治骨热；桑枝、桑叶、桑葚熬膏治妇女病、感冒、气管炎、腹泻之说。《中国藏药》也有类似的记载。《蒙药学》有果穗用于头晕、目眩、耳鸣、心悸、头发早白、血虚便秘的记载。桑叶可疏散风热；清肺；明目。

（2）经济价值

种桑养蚕蚕丝利用是我国纺织业古老的开端之一。桑树木材可用来制家具；枝条可编箩筐；树皮可用于造纸；桑葚可供食用或酿酒。

（3）文化价值

相传嫘祖发明了种桑养蚕和抽丝技术，后人称她为"先蚕娘娘"。随着社会的发展，桑树栽培逐步演化出像"桑基鱼塘"这样的生态种植。我国古代有在房前屋后栽种桑树和梓树的传统，因此常用"桑梓"代表故土、家乡。在许多的诗歌里面桑树也是一种美丽的意象。

如唐代诗人李白的《陌上桑》：

> 美女渭桥东，春还事蚕作。
>
> 五马如飞龙，青丝结金络。
>
> 不知谁家子？调笑来相谑。
>
> 妾本秦罗敷，玉颜艳名都。
>
> 绿条映素手，采桑向城隅。
>
> 使君且不顾，况复论秋胡。
>
> 寒螀爱碧草，鸣凤栖青梧。
>
> 托心自有处，但怪旁人愚。
>
> 徒令白日暮，高驾空踟蹰。

（四）相关故事

相传，西汉末年王莽篡位后刘秀随兄在南阳起兵讨伐，立志恢复汉朝刘氏天下，可是在幽州附近却被王莽手下大将苏献杀得大败。当刘秀从战场上逃出来的时候只剩下孤零零的一个人。为躲避追兵、等待救援到来，他躲到一座废弃的旧砖窑里。

疲劳和箭毒令刘秀晕了过去，等他再次睁开眼睛，已是兵败后第七天的夜里。刘秀为了寻找食物，他爬向窑门外不远处的几棵大树。当他爬到那棵长着硕大树冠的树底下时再也爬不动了。此时，正值五月中旬，一阵轻风吹过，那棵树上熟透的果实一个个地滚落下来。猛然间，一颗果子正好落入刘秀口中，一时间甜甜的、香香的感觉充满口腔。刘秀喜出望外，借着月光找了好多果子吃了起来，直到远处传来阵阵鸡叫，才又爬回窑里。就这样，刘秀白天在窑里避难，晚上出来捡些果实充饥，大约过了30天，他胸前的刀伤好了，腰上的箭毒消了，身体渐渐恢复了健康。这时，他手下的大将邓禹也带人找到了这里。见面之后，刘秀将此番经历说与众人听，并问邓禹："这棵树叫什么名字？"邓禹说："这棵树是桑树。它左边的那棵叫椿树，右边的那棵叫大青杨树。您吃的是桑树上结的果实，叫桑葚儿。"刘秀感慨地说：日后孤定封此树为王。

刘秀称帝后，对封树一事却早已忘记。一日梦中，忽有一老者向他讨封。醒来之后，他猛然想起当年之事，随即命太监带了圣旨去封这棵桑树。谁知那太监忘了刘秀向他描述的那棵树的形状和名称，只是隐约记得有三棵树，树干笔直，果实香甜。当他找到那几棵树时，桑树果实已经被采摘完了，只有椿树的果实正招摇的挂在枝头。那太监也不细想，对着椿树宣读了圣旨就匆匆离去。被封王的椿树高兴得手舞足蹈，那曾经救驾的桑树却被气得肚肠破裂，旁边那棵平时为自己的平庸而遭白眼的青杨却幸灾乐祸地将那硕大的叶子摇得哗哗作响。这便是"桑树救驾，椿树封王，气得桑树破肚肠，旁边笑坏了傻青杨"典故的由来。[①]

（五） 相关图片

---

① 一个小市民. 民间故事：刘秀的传说两则［EB/OL］.（2021.09.30）［2021-10-11］. https://www.jianshu.com/p/30e5e1481b92.

十三、楸　树

（一）▶ 简介

楸树，紫葳科梓属落叶小乔木，高 8 ~ 12 米。叶三角状卵形或卵状长圆形，长 6 ~ 15 厘米、宽 8 厘米，顶端长渐尖，基部截形、阔楔形或心形，有时基部具 1 ~ 2 齿，叶面深绿色，叶柄长 2 ~ 8 厘米。花期 5—6 月，顶生伞房状总状花序，有花 2 ~ 12 朵。花萼蕾时为圆球形，2 唇开裂，顶端有 2 尖齿。花冠淡红色，内面具有 2 黄色条纹及暗紫色斑点，长 3 ~ 3.5 厘米。果期 6—10 月，蒴果线形，长 25 ~ 45 厘米，宽约 0.6 厘米。种子狭长椭圆形，长约 1 厘米，宽约 2 厘米，两端生长毛。

（二）▶ 起源及演变历程

楸树是我国特有的名贵树木，只在近代才引入其他国家。在我国漫长的历史岁月里，楸树由乡土树种到珍贵树种，再到稀有树种，经历了兴衰演变的"三部曲"。

在古代，梓、楸同名不分。《诗经·鄘风》中记载："树之榛栗，椅桐梓漆"，这里的梓就是指楸树。据明代医学家李时珍在《本草纲目》中释述道："楸叶大而早脱，故谓之楸"；"楸即梓之赤者也""木理白者为梓"。由此可见，楸树在我国至少已有 3000 多年的栽培历史。《诗经·小雅》中对楸树亦有很高的评价："维桑与梓，必恭敬止。"这说明楸树早在西周初年至春秋时期，就被视为重要的经济用材树种，价值和开发利用之早可与桑树相媲美。

当人们逐渐认识到它的珍贵时，就开始了无节制地采伐利用。加上楸树繁殖困难，伐的多、栽的少，随着历史的变迁，楸树资源逐渐枯竭，直到今天，已看不到大面积的楸园。在一些游览胜地和名寺古刹，如北京市的故宫、颐和园、北海公园、大觉寺等，尚可见到百年以上的大楸树。这些古楸树已成为我国的"稀世珍宝"。近年来，河南省、山东省等地已把楸树列为重点树种之一。河南省还规划出淮阳（现为周口市淮阳区）、洛宁、沈丘、孟津（现洛阳市孟津区）、临汝、唐河、新野等 10 个县作为发展楸树的重点县，积极培育苗木，大力营造速生丰产林和楸农间作林。

（三）▶ 现状及对人类的影响

1. 现状

在我国，东起海滨，西至甘肃省，南始云南省，北到长城的广大区域都有楸树分布，主产河北省、河南省、山东省、山西省、陕西省、甘肃省、江苏省、浙江省、湖南省，广西壮族自治区、贵州省、云南省也有栽培。

2. 对人类的影响

（1）药用价值

楸树叶、树皮、种子均可入药。种子含有枸橼酸和碱盐。根、皮煮汤汁，外部涂洗可治瘘疮及肿毒。楸叶含有丰富的营养成分，嫩叶可食；花可炒菜或提炼芳香油。明代鲍山所撰的《野菜博录》中就已经有了楸树食用方法。也可作饲料，古书有记载称："桐梓二树，花叶饲猪，立即肥大，且易养。"

（2）木材

楸树木材在构造上和工艺上具有优良的特性。它的树干直、节少、材性好；木材纹理通直、花纹美观，质地坚韧致密，绝缘性好，耐水湿、耐腐、不易虫蛀；加工容易，切面光滑，钉着力中等，油漆和胶黏力佳。楸材被国家列为重要材种，主要用于枪托、模型、船舶、车厢、乐器、工艺品、文化体育用品等高档商品和特种产品的制作。

（3）生态价值

楸树根系发达，属深根性树种，固土防风能力强，耐寒耐旱，是农田、铁路、公路、沟坎、河道防护的优良树种。此外，楸树树冠生长茂密，对二氧化硫、氯气等有毒气体有较强的抗性，有较强的消声、吸尘、吸毒能力，能净化空气，是绿化城市、改善环境的优良树种。

（4）文化价值

楸树枝干挺拔，楸花淡红素雅，自古以来就广泛栽植于皇宫庭院、胜景名园之中。

我国立秋时节"折枝楸叶"是一个源远流长的习俗。明代李时珍在《本草纲目》中认为此俗起于唐代。"唐时立秋日，京师卖楸叶，妇女儿童剪花戴之，取秋意也。"其实，早在东汉《四民月令》中对此已有记载："京立秋，满街卖楸叶，妇女儿童皆剪成花样戴之，形制不一。"只是没有说明戴楸叶的寓意罢了。后来的宋代孟元老的《东京梦华录》也有相同的记载。元代张野《满江红·秋日》词里尚有"一簪楸叶，不堪裁剪"记载。

（四）▶ 相关故事

春天农夫在自己家的院子里发现了两棵楸树苗，看着长势不错，就把它们保留了下来。经历了几个春秋，转眼这两棵树都长成了碗口粗，且树干笔直，大有长材的态势。农夫很是高兴，很是精心呵护。一年冬天天降大雪，已高过屋顶的楸树中的一棵被大雪把梢部压折了，折断的树枝还把农夫房屋上的瓦给砸碎了。一阵惋惜之后，农夫决定锯掉这棵树，但又想到这棵树长在屋角，留着还能做个树凳，就留了一尺高的树墩。剩下的那棵树长势更加喜人了；被锯掉的那棵树在来年春天居然从树墩处长出一圈幼枝。农夫准备把生长的幼枝都锯掉，这时农妇却建议："它既然长出了一圈幼枝，你何不留下几枝粗壮的枝育弯，当凳子坐着不更稳当？"农夫听从了农妇的意见，留下四枝粗壮的枝条，把它们倒育过来捆绑在树墩上。

岁月流逝，慢慢地，农夫已经老了，屋角的那棵楸树已经需要几人合抱才能抱住了，而被锯掉的那棵树树干竟比成材的树还要粗，被农夫留着的四根幼枝也都有碗口粗了，为了生存，有一根幼枝竟融入了树墩里。农夫经常坐在树墩上抚摸着幼枝哀叹："如果那年你不被风雪折断，一起长成材该多好啊！"

一天，城里的木材商找到农夫，要买他的楸树。农夫以为要买那棵成材的楸树，不料，商人想中的却是那棵长着四根幼枝的断树。农夫在目瞪口呆的同时禁不住喃喃自语：怎么会这样啊？这时有人告诉他：那棵成材的树只能做木料，而这棵长着四根幼枝的奇形怪状的树墩如果做成艺术品，价格会翻倍。

生活就是这样啊，那些历经劫难的生命经过时间的沉淀，在一定时期会彰显出自身不一样的价值。[①]

（五）▶ 相关图片

① 佚名. 农夫楸树的寓言故事［EB/OL］.（2020.07.23）［2021–10–11］. https://www.ruiwen.com/wenxue/yuyan/607736.html.

十四、榕　　树

（一）▶ 简介

榕树，为桑科榕属榕亚属植物的统称。乔木或灌木，幼时多附生。叶片革质，全缘。花为隐头花序，即花序托膨大形成一个肉球，花和果实都隐藏在肉球里，发育成的果实称为榕果。榕果多腋生，稀老茎生。

榕树有些具露出地表的板根，宽可达 3～4 米，宛如栅栏。有些具从树枝处长出来的气生根，悬垂至地面，入土生根，形似支柱。气生根和其他根系的功能一样，具有吸收水分和养料的作用，同时还支撑着不断往外扩展的树枝，使树冠不断扩大。一棵老榕树的气生根有时可超过千条，形成巨大的树体，被人们称为"独木成林"。气生根对榕树的成长发育起着重要的作用，也是榕树形态特征中颇具特色的地方。

（二）▶ 起源及演变历程

榕树喜酸性土壤，属非耐寒性植物，多生长在高温多雨气候潮湿的热带雨林地区。有书上称"榕不过吉"，江西省吉安市以北就见不到榕树了，这是地理上的限制。榕树最美在根，盘根错节，起伏不定，根与树没有根本的区别。榕树的很多种类具有板根、老茎生花、空中花园和绞杀现象，景观奇特雄伟，反映了热带雨林的重要特征；一些种类被当地视为"神（龙）树"和"佛树"，形成了独特的民族榕树文化。

（三）▶ 现状及对人类的影响

1. 现状

榕树在国内主要分布于南部地区，如广西壮族自治区、广东省、海南省、福建省、江西省、湖南省、台湾省、浙江省、云南省、贵州省等地。在国外，分布于斯里兰卡、印度、缅甸、泰国、越南、马来西亚、菲律宾、日本、巴布亚新几内亚和澳大利亚直至加罗林群岛。

2. 对人类的影响

（1）观赏价值

在园林设计中，榕树除了可以作为行道树与庇荫树，还可以充分发挥观赏价值作为园林景观树与观赏树。榕树的一些种类已成为重要的园林观赏树种，垂叶榕已有10多个园艺品种。在孟加拉国的热带雨林中生长着一株大榕树，从树枝向下生长的垂挂气根达4000多条，落地入土后成为支柱根。这样柱根相连、柱枝相托、枝叶扩展，形成遮天蔽日、独木成林的奇观。巨大的树冠投影面积竟达1万平方米之多，正是榕树这种奇特的独木成林的生长方式，吸引着大量的人前去观赏。榕树还是重要的盆景培育树种。

（2）经济价值

榕树是重要的野生食物源。在云南省西双版纳地区被用作蔬菜的榕树主要有木瓜榕、苹果榕、厚皮榕、高榕、聚果榕、突脉榕、黄葛榕等。榕树富含维生素和矿物质，以及帮助人体消化的纤维素和苦味素。

（3）药用价值

榕树也是重要的药用植物，常用于治疗多种疾病，药用的部位有根、树皮、叶和树浆等。叶和气生根（榕树须）入药有清热、解表、化湿、发汗、透疹之功效，主治流行性感冒、疟疾、支气管炎、急性肠炎、细菌性痢疾及百日咳等。

（4）文化价值

榕树枝繁叶茂、苍劲挺拔、古朴稳健。在我国一些地区，榕树自古以来就是当地人们心中的一种文化符号，代表着独特的"榕树文化"。逢年过节或红白之事，有喝榕树水以求长寿的，有撒榕树叶以求吉祥的，有挂榕树枝于门楣上以辟邪的，更有在老榕树前举行结婚仪式的。文人墨客也对榕树颇多赞美。明代嘉靖年间林希元撰写过《榕论》，明末大学士黄道周写下过传世名篇《榕颂》。

（四）▶ 相关故事

宋治平二年（1065年），福州城迎来了一位新的太守，此人就是张伯玉。当时，他由绍兴转任福州做太守时已经60多岁了。张伯玉上任后勤政爱民，关心民众疾苦，经常去百姓中走访。经过走访，他发现福州地处南方，入夏后因天气炎热，百姓中暑生病的人一下子增多了。目睹民生疾苦后，他开始想方设法寻找对策。后来，他发现榕树这种植物不仅可以美化环境，巨大的树荫能为人们遮挡烈日高阳，而且能荫泽后人，造福一方，减少疾病发生，就号召百姓普遍种植榕树。张伯玉带头在衙门前种植了两棵榕树，并执行"编户植榕"政令，提倡户户植榕，种者有奖，在保证政令实施的同时施以奖惩分明的措施。很快，全福州城官民合力，户户门前皆种榕树，形成植榕成风的好风尚。

前人栽树，后人乘凉。北宋已经远去近千年了，后人于树下歇息瞻仰时，自然会发思古之幽情。①

（五）▶ 相关图片

---

① 佚名. 绿荫如盖护榕城［EB/OL］.（2007–06–20）［2021–10–11］. http://www.hwjyw.com/zhwh/regional_culture/mwh/bmcs/200706/t20070620_1835.shtml.

十五、枫　　树

（一）▶ 简介

枫树，槭树科槭属一些槭树的泛称。叶对生，单叶或复叶（小叶最多达11枚）。果实为坚果，侧面有长翅，称为翅果，长翅张开成各种不同的角度。枫叶色泽绚烂、形态别致优美，秋季变为黄色至橙色或红色，很多都是优良的彩色叶树种。

（二）▶ 起源及演变历程

槭属在侏罗纪时期起源于我国四川省东部、湖北省、湖南省及其邻近地区，并向西、东北和南方扩散而进入西亚、欧洲、非洲北部、北美洲和马来半岛至印度尼西亚。后来在渐新世初期，受到冰川运动的影响，许多其他物种逐渐崛起，槭属植物的数量和种类都有所减少。

槭属的演化是在原始而典型的槭属植物的基础上，向花的各部减少的方向衍变的，有的器官甚至向完全退化的方向演化，但也有少数向增加数目的方向特化。

（三）▶ 现状及对人类的影响

1. 现状

枫树广泛分布于北温带及热带山地，亚洲、欧洲、北美洲和非洲北部均有分布。中国是世界上枫树种类最多的国家，丘陵以及部分高寒山区等都有分布。

2. 对人类的影响

（1）观赏价值

枫树是园林中名贵的观赏乡土树种。在园林绿化中，枫树最引人注目的观赏特性是叶色富于季相变化。人们常用不同树种配置于一起，形成色彩斑斓的枫树园；也可在常绿树丛中杂以枫树，营造"万绿丛中一点红"景观；植于山麓、池畔，以显潇洒、婆娑的绰约风姿，配以山石则具古雅之趣；以盆栽用于室内美化也极为雅致；还可作为行道树。

（2）用材

枫树木材硬度适中，木质致密，光泽良好，而且木纹中常现鸟眼状或虎背状花纹，是装潢用的高档木材。枫树木材在美国和欧洲国家有悠久应用历史，早期将槭木灰作为肥皂使用；在20世纪20年代，枫树木材是制造飞机螺旋桨的材料；直至如今，枫树木材仍是家具、地板、运动器材的优质用材。

（3）文化价值

我们在古诗句中也不难寻觅到枫树的身影。西晋文人潘岳，即人们所熟知的"貌若潘安"中的潘安，在《秋兴赋》中有"庭树槭以洒落兮，劲风戾而吹帷"的表述。说明当时庭院中已经有枫树种植。

广为流传的古诗词中也有咏枫树的名句，如唐代杜牧《山行》中的："停车坐爱枫林晚，霜叶红于二月花。"明代柳应芳在《赋得千山红树送姚园客还闽》中写道："萧萧浅绛霜初醉，槭槭深红雨复然。染得千林秋一色，还家只当是春天。"另有一些学者对枫树也有描写，相对而言比文学家少了些文采，多了些实用。清代陈淏子《花镜》中有"一经霜后，叶尽皆赤，故名丹枫，秋色之最佳者"的表述。

（四） 相关故事

在河北省承德市兴隆县榆树林子镇红石砬村生长着一株有500多年历史的五角枫古树，当地人称其"色树"，即色木槭。而在距离这棵树西北方向30千米的二道杖子村和东北方向30千米的内蒙古自治区赤峰市宁城县山头乡山头村各有一棵和这棵树形态、树龄都相近的五角枫（山头村这株五角枫古树几年前被雷击后大火烧毁），而且和红石砬村这棵树一样，都独自生长在石岩上。3株古树就像3个久别却无法见面的姐妹在山尖上互相张望。

当地流传着一个传说：在明朝时期，红石砬村有户人家，家中有3个女孩。当时迫于生计，大女儿和二女儿刚满12岁就被父母送到了别人家做童养媳，三姊妹分开后就再也没能见面。每当想念姐妹时，就爬上自己家门前最高的山，以求能见一面。终于在一年的重阳节这天——这个亲人互相问候和团聚的时刻，她们眺望远方的身形化作了红叶如火的色木槭。[①]

（五） 相关图片

① 李丽国. 你不能不知道的色木槭经典故事！［EB/OL］.（2019–12–31）［2021–10–11］. https://baike.baidu.com/tashuo/browse/content?id=c305a5b02929666edb20b636.

十六、楠 木

（一） 简介

楠木，樟科楠属一些常绿大乔木，高可达 30 多米，树干通直。小枝通常较细，有棱或近于圆柱形，被柔毛。叶革质，椭圆形，长 7～11 厘米，宽 2.5～4厘米，常聚生枝顶，互生，羽状脉。花两性，聚伞状圆锥花序或近总状花序，被毛，每花序有花 3～6 朵。果椭圆形，革质、紧贴，两面被短柔毛或外面被微柔毛。花期 4—5 月，果期 9—10 月。

（二） 起源及演变历程

历史上，楠、樟、梓、椆并称为"四大名木"，而楠木被冠之以首，足见人们的喜爱程度。在中国建筑中，楠木一直被视为最理想的建筑用材，在宫殿苑囿、坛庙陵墓中广泛应用。

在元代，楠木已经广泛应用于宫廷家具的制作，成为皇家青睐的家具用材，元末陶宗仪的《南村辍耕录》中就有关于楠木制作的宝座、屏风床和寝床的记载。书中还记载了中国历史上最早以楠木为建材建造的宫殿——文德殿。

明代文献里常常提到楠木为做家具的良材，常被用来制作箱子、柜子和书架，也用来装饰柜门或制作文房用具。清代修建的承德避暑山庄的主殿——澹泊敬诚殿，也是一座著名的楠木大殿。清西陵道光帝的慕陵隆恩殿和配殿建筑木构架均为楠木，并以精巧的雕工技艺雕刻出 1318 条形态各异的游龙。北京故宫及现存上乘古建多为楠木构筑，如文渊阁、乐寿堂、太和殿、长陵等，并常与紫檀配合使用。

1. 现状

楠木在国内主要产自湖北西部、贵州西北部及四川，生长于海拔 1000～1500 米的亚热带阴湿山谷、山洼以及河边阔叶林中，喜温暖湿润环境，但又不耐热抗寒。其中品质最好的主要分布在我国四川省的邛崃、峨眉山，以及四川省与云南省接壤的地方。

2. 对人类的影响

楠木耐腐，埋在地里可以几千年不腐烂，所以古代皇帝的棺木多采用楠木。楠木有股楠木特有香气，其木箱柜存放衣物、书籍、字画可以避虫，所以皇家书箱、书柜都定楠木，现代有极贵重的书籍和纪念品，只要有条件也要楠木做盒。冬天触之不凉。古代宫中常用楠木制作床榻，冬天不凉，夏天不热，不伤身体，而其他硬木则很少具备此优良特性。不易变形，很少翘裂。金丝楠木到现代为止已经极为罕见，不易取得，所以已不能构成大规模的建筑材料，更多的是在现代生活中作为一种收藏品。明代谢在杭在《五杂俎》提道："楠木生楚蜀者，深山穷谷不知年岁，百丈之干，半埋沙土，故截以为棺，谓之沙板。佳板解之中有纹理，坚如铁石。试之者，以署月做盒，盛生肉经数宿启之，色不变也。"

（四）▶ 相关故事

楠木因独特气息与文人结缘颇多，其中就有诗圣杜甫与楠木的悲欢离合。

760 年春，杜甫在成都浣花溪边一株几百年的大楠树下盖了茅屋安定下来。这所茅屋催生了无数诗圣名作，如蜀中山水、峭拔巍然，构成了杜甫一生之中独特的诗歌"茅屋"殿堂。这一年，诗圣就为楠树特意写过两首诗作。

《高　楠》

楠树色冥冥，江边一盖青。
近根开药圃，接叶制茅亭。
落景阴犹合，微风韵可听。
寻常绝醉困，卧此片时醒。

这首《高楠》读来全是大楠树下诗人意气风发、悠然见南山的适意。

但却好景不长，761 年秋，茅屋就被大风所破，而那棵古楠树很可能也未能幸免。当时安史之乱尚未平息，诗人由自身遭遇联想到战乱以来的万方多难，长夜难眠，感慨万千，于是写下了脍炙人口的《楠树为风雨所拔叹》这首诗：

倚江楠树草堂前，故老相传二百年。
诛茅卜居总为此，五月仿佛闻寒蝉。
东南飘风动地至，江翻石走流云气。
干排雷雨犹力争，根断泉源岂天意。
沧波老树性所爱，浦上童童一青盖。
野客频留惧雪霜，行人不过听竿籁。
虎倒龙颠委榛棘，泪痕血点垂胸臆。
我有新诗何处吟，草堂自此无颜色。

（五）　相关图片

主要参考文献

［1］傅立国. 中国植物志：第七卷［M］. 北京：科学出版社，2006.

［2］陈凤洁. 银杏文化传承发展研究［D］. 北京：中国林业科学研究院，2013.

［3］江海燕. 银杏文化及其旅游开发研究［D］. 南京：南京农业大学，2015.

［4］吴向阳，仰榴青，陈钧. 银杏外种皮综合利用的研究现状与发展［J］. 2003（6）：164-166.

［5］朱颖超. 红松人工林生长规律及经营技术［J］. 黑龙江生态工程职业学院学报，2007（4）：41-46.

［6］中国科学院中国植物志委员会. 中国植物志第二十二卷［M］. 北京：科学出版社，1998.

［7］艾尔肯·图尔荪. 红花和橡果化学成分研究［D］. 阿拉尔：塔里木大学，2007.

［8］中国科学院中国植物志编辑委员会. 中国植物志：第七卷［M］. 北京：科学出版社，1978.

［9］郑万钧，陶东岱，黄枢，等. 中国树木志：第一卷［M］. 北京：中国林业出版社，1983.

［10］兰士波，马盈，李红艳. 红豆杉起源演化与开发利用述评［J］. 中国林副特产，2012（5）：95-98.

［11］邓青珊. 皖南仙寓山南方红豆杉天然更新研究［D］. 南京：南京林业大学，2008.

［12］祁承经，汤庚国. 树木学：南方本［M］. 2版. 北京：中国林业出版社，2005.

［13］高山. 木中黄金海南黄花梨［J］. 中国新时代，2016（11）：30-33.

［14］黄浩伦，麦雄俊，黄慧德. 我国海南黄花梨资源与开发研究［J］. 中国农业资源与区划，2018，39（9）：123-129.

［15］山要. 橡胶树：改变历史的植物［J］. 百科知识，2012（24）：36-38.

［16］山要. 改变历史的橡胶树［J］. 科学大观园，2013（8）：62–63.

［17］吴征镒，丁志遵. 新华本草纲要［M］. 上海：上海科学技术出版社，1991.

［18］国家中医药管理局. 中华本草［M］. 上海：上海科学技术出版社，2005.

［19］杨春和. 柳树的药用［J］. 中国林业，1996.

［20］祁述雄. 中国桉树［M］. 第 2 版. 北京：中国林业出版社，2002.

［21］祁述雄. 中国引种桉树与发展现状［J］. 广西林业科学，2006，35（4）：250–252.

［22］方升佐，洑香香. 青钱柳资源培育与开发利用的研究进展［J］. 南京：南京林业大学学报（自然科学版），2007，31（1）：95–100.

［23］欧阳春霞. 鸡爪槭在桂林地区的病虫害防治技术研究［J］. 城市建设理论研究（电子版），2019（23）：56.

［24］佚名. 用途广泛的“枫木”［J］. 湖北林业科技，2006（5）：73.

［25］刘旭阳. 浅析金丝楠木历史文化与现代生活价值［J］. 农民致富之友，2014（6）：84.

［26］王晓燕. 金丝楠在中国多样性传统文化中的瑰丽呈现［C］// 中国文化的多样性："第三极文化"论丛. 2017.

［27］龚固堂. 杨属地理分布与起源初探［J］. 四川林业科技，2004，25（2）：25–30.

［28］赵能，刘军，龚固堂. 杨科植物的分类与分布［J］. 武汉植物学研究，2009，27（1）：23–40.

第 二 章

粮食作物

十七、水　稻

（一）▶ 简介

　　水稻，一年生禾本科稻属植物。秆直立，叶鞘松散，叶舌披针形，两侧基部下延成叶鞘边缘，叶片线状披针形。圆锥花序疏松，小穗矩圆形，两侧压扁，含3小花，下方2小花退化仅存极小的外稃而位于一两性小花之下；颖退化严重，在小穗柄的顶端呈半月状的痕迹；外稃退化；两性小花外稃常具细毛，有芒或无芒；内稃3脉；雄蕊6枚。颖果长约5毫米，宽约2毫米，厚1~1.5毫米；胚约为颖果长的1/4。

（二）▶ 起源及演变历程

　　一般将水稻分为粳稻和籼稻。经过多年研究表明，栽培稻的确是单次起源的，起源时间很可能在8500年前，而粳稻和籼稻的分化则要晚至3900年前，所以粳稻和籼稻彼此的亲缘关系比它们和任一现存野生稻居群的亲缘关系都要近。野生稻最早在中国长江中下游地区被驯化为粳稻，之后与黍、杏、桃等作物一起随着史前的交通路线由商人和农民传到印度，通过与野生稻的杂交在恒河流域转变为籼稻，最后再传回中国南方。换句话说，水稻起源于中国，在中国这个"原始中心"和印度这个"次生中心"同时得到发扬。

　　野生稻对于中国水稻的改良发挥了重要作用。正是因为1970年海南发现了天然雄性不育的"野败"普通野稻，袁隆平才终于实现了"三系配套"杂交稻育种方案，于1973年成功研制出世界上首例杂交水稻。他也因此被称为"杂交水稻之父"。

（三） 现状及对人类的影响

1. 现状

目前，水稻主要分布于东亚、东南亚和南亚的季风区，东南亚的热带雨林气候区。水稻在我国分布很广，北至黑龙江省漠河，南至海南省崖县，西至新疆维吾尔自治区，东至台湾地区、黑龙江省和三江平原，低至东南沿海，高至海拔2600米的云贵高原。

2. 对人类的意义

（1）经济价值

水稻所结子实即稻谷，稻谷脱去壳后就是糙米，糙米碾去米糠层就是大米。世界上近一半人口以大米为主食。大米除了可食用，还可用于酿酒、制糖或作为工业原料，稻壳和稻秆可以作为牲畜饲料。

（2）文化价值

水稻是人类最早期能够自己栽种并稳定获得的食物之一，开启了人类农业社会，是人类文明延续传承不可或缺的环节，覆盖了全人类的主要食物。无法想象，如果没有水稻人类历史将会如何书写、人类文明又该如何演进。农业文明开启，为工业革命不断铺垫和夯实根基，是今天信息革命和生物革命的基础。

（四） 相关故事

虽然从20世纪20年代起，美国、日本、菲律宾等国的科学家就相继开展了杂交水稻的研究，但是都没有获得成功。从20世纪60年代起，我国农业科学家袁隆平就瞄准了这个世界难题，开始了杂交水稻的研究。一般人都认为水稻很难杂交，因为它的雄蕊和雌蕊长在同一朵花内，一旦开花就自己授粉了。要使不同稻种杂交必须培育一种雄蕊退化、靠自己的花不能授粉的母本才能进行杂交。

1964年6月下旬的一天，袁隆平终于在一块稻田里发现了他几年来一直在苦苦寻觅的那种神奇的"天然雄性不育株"。于是，他马上将这宝贵的稻株用布条做标记，并精心地加以培育。经过他和助手6年的选育，用1000多个品种，进行了成千上万组杂交组合试验，终于攻克了杂交水稻这道世界级难题。袁隆平的杂交水稻研究，已经使我国在这一领域里走在了世界的前列。

杂交水稻被推广以后，很快就被世界 20 多个国家引种，大幅地提高了这些国家的粮食产量。杂交水稻也因此被称为"中国魔稻""东方魔稻"。甚至有外国人评论说："杂交水稻是中国人继指南针、火药、造纸术和活字印刷术之后创造的又一个奇迹。"

联合国教科文组织前总干事姆博称赞它是继人类培育出半矮秆水稻之后的"第二次绿色革命"。国际水稻研究所前所长、印度的农业部前部长斯瓦米纳森博士说："我们把袁隆平先生称为'杂交水稻之父'，是因为他的成就不仅是中国的骄傲，也是世界的骄傲。他的成就给人类带来了福音！"他认为，袁隆平进行的杂交水稻研究有希望解决整个世界的饥饿问题。袁隆平的杂交水稻，从亚洲、美洲再到非洲、欧洲，解决了数以亿计人口的吃饭问题。①

（五）▶ 相关图片

---

① 宇宙之上. 袁隆平研究的杂交水稻对全世界人类有着怎样的意义？[EB/OL]．（2021–05–23）［2021–10–11］. https://xw.qq.com/amphtml/20210523A00JXK00.

十八、小　麦

（一） 简介

小麦，禾本科小麦属植物的统称，多指普通小麦，为世界各地广泛种植的谷类作物。秆丛生，高 0.6 ~ 1.2 米，6 ~ 7 节。叶片长披针形，长 10 ~ 20 厘米，宽 0.5 ~ 1 厘米。穗状花序长 0.5 ~ 1 厘米，宽 1 ~ 1.5 厘米；小穗具 3 ~ 9 小花，长约 1 厘米。不同于其他大多数的有花植物，小麦以及很多禾本科植物的花没有明显的花被，总苞片退化为颖片，苞片退化为外稃，小苞片退化为内稃，花被退化为浆片。成熟的小麦果实中颖片会包裹在种子表面，称为颖果。

（二） 起源及演变历程

小麦是新石器时代的人类对其野生祖先进行驯化的产物，栽培历史在 1 万年以上。中亚的广大地区曾在史前原始社会居民点上发掘出许多残留的实物，其中包括野生和栽培的小麦小穗、籽粒，炭化麦粒、麦穗和麦粒在硬泥上的印痕。中国的小麦是由黄河中游地区逐渐扩展到长江以南各地，并传入朝鲜、日本。15—17 世纪，欧洲殖民者将小麦传播至南美洲和北美洲；18 世纪，小麦传播到大洋洲。

伊朗西南部、伊拉克西北部和土耳其东南部地区，是栽培一粒小麦和提莫非维小麦最早被驯化之地。以色列西北部、叙利亚西南部和黎巴嫩东南部是野生二粒小麦的分布中心和栽培二粒小麦的起源地。普通小麦的出现晚于一粒小麦和二粒小麦，一般认为约在 8000 年前，起源于里海的西南部。

在我国黄河流域两岸的河南省三门峡市、洛阳市以及陕西省西安市、宝鸡市等地大量存在植物学特征与普通小麦栽培种亲缘最接近的小麦草。这种小麦草很可能早已为我国先民采集和栽培。继云南小麦亚种被发现之后，在西藏高原又发现有麦穗自行断节的普通小麦原始类型（称西藏半野生小麦）；在伊犁河谷有大片的粗山羊草（通称节节麦）原生群落，而黄河中游麦田早就有混生节节麦。这些发现对研究中国小麦的起源、演化与传播具有重要意义。

在河南省洛阳市皂角树二里头文化遗址中，发现有栽培小麦，且占粮食作物的第四位。说明在夏代，麦子是主要粮食作物之一。殷墟出土的甲骨文有"告麦""食麦"记载。《诗经·周颂·清庙思文》："贻我来牟"，亦作"𦬬𦭘"。三国魏张揖《广雅》有"大麦，𦬬也；洰科，𦭘也"的记载。以后的古代文献中，将小麦简称为麦，其他麦类则于"麦"前冠以"大""穬"等字，以与小麦相区别。根据《诗经》中提及的"麦"所代表的地区，说明公元前6世纪，黄河中下游已普遍栽培小麦。2016年，陕西省考古研究院对镐京遗址持续进行考古发掘时发现了一批碳化的小麦颗粒，虽然距今有2800多年，但小麦颗粒形状依旧保存好。说明至少在西周中期，小麦已经在国都镐京周围开始规模化种植。

（三） 现状及对人类的影响

1. 现状

世界种植小麦的国家很多，但产量主要集中在中国、印度、美国、俄罗斯、加拿大、澳大利亚、巴基斯坦、乌克兰、哈萨克、阿根廷等国家。我国小麦主产区为河北、山西、河南、山东、安徽、湖北、江苏、四川、陕西等，其中河南为我国小麦产量第一大省，其小麦产量约占全国小麦产量的25%。

2. 对人类的影响

（1）经济价值

小麦是世界三大谷物之一，几乎全作食用，仅约有12%作为饲料使用。小麦磨成面粉后可制作面包、馒头、饼干、面条等食物，发酵后可制成啤酒、酒精、白酒或生物质燃料。

（2）文化价值

小麦的驯化是人类进入农业文明的基础。母系氏族时期主要由女性负责采集，所以男性的地位低于女性。自从小麦大规模种植以后，人类在这段时期进入了农业时代。在农业时代，男性的力气要远远大于女性，劳动生产中的作用使得男性的地位超过了女性，人类历史进程从此不同。

（四）▶ 相关故事

相传远古时期，小麦并不是只有现在的一个麦穗，而是每片叶子上都有一个大大的麦穗，亩产能达万斤。开始时人们还感谢上天保佑，能做到节俭不浪费，慢慢地，人们种一季粮食就吃不完用不尽，谁也不再珍惜它了，浪费的现象越来越严重，馒头扔得到处都是。这可把土地公公给气坏了，他一气之下，上天去找玉帝告了御状。玉帝听了他的诉说，第二天便扮作一个乞丐架着云头悄悄到了人间。他来到一户人家门口讨要吃的，这户人家非但不给，还骂骂咧咧说："小麦的产量这么低，哪有吃的啊，没有，赶紧滚。"乞丐看到户主家孩子都坐在纯白面的烙饼上玩，就说："你家孩子都把饼当垫子坐了，为啥就不能给点吃呢？"这可惹恼了那家人，"我自己家的粮食我乐意，给你我就不乐意。"玉帝到了好几个地方都是不给吃的。这时一条狗叼着一个馒头来给他吃。玉帝摸摸狗头走了。回到天宫后，玉帝大笔一挥，下令把小麦变成了狗尾巴草，这下子天下都没吃的了。狗跪在地上求玉帝大发慈悲，留一条活路，玉帝看在狗那么善良的份上，给小麦留了一个麦穗，到了现在它还是一个麦穗。

（五）▶ 相关图片

十九、玉 米

(一) ▶ 简介

　　玉米，禾本科玉蜀黍属植物，又名苞谷、苞米棒子、玉蜀黍等。玉米的颜色主要有黄色和白色，还有深蓝色、墨绿色、紫红色，还有人甚至培育出了红、蓝、绿、白、黄间杂色相间的五彩玉米。玉米按用途有普通玉米和特种玉米之分，其中特种玉米又可分为糯玉米、甜玉米、爆裂玉米、高油玉米等。

　　玉米秆直立，通常不分枝，株高 1～4 米，基部各节具气生支柱根。叶片扁平宽大，线状披针形，中脉粗壮。雌雄同株，但分雄花（雄穗）和雌花（雌穗）。顶生雄性圆锥花序大型，主轴与总状花序轴及其腋间均被细柔毛；雌花序叶腋生被多数宽大的鞘状苞片所包藏，即玉米穗。颖果球形或扁球形，成熟后（玉米粒）露出颖片和稃片之外，大小随生长条件不同产生差异，一般长 5～10 毫米，宽略过于长。

(二) ▶ 起源及演变历程

　　玉米原产于中美洲和南美洲，1 万多年前的墨西哥及中美洲就有了野生玉米，是印第安人的主要粮食作物。印第安人种植玉米的历史也已有 3500 多年的历史。墨西哥的考古学证明，公元前 7000 年至公元 1540 年古印第安人逐渐减少狩猎活动，开始采摘野果并过渡到人工种植玉米。玉米于 16 世纪时传入我国，最早记载见于明代嘉靖三十四年的《巩县志》，称其为"玉麦"，其后嘉靖三十九年《平凉府志》称作"番麦"和"西天麦"。徐光启在《农政全书》中最早称其为"玉米"。

（三）▶ 现状及对人类的影响

1. 现状

玉米是一种喜温作物，是世界上分布最广的作物之一，从北纬58°到南纬35°~40°地区均有大量栽培。北美洲种植面积最大，占世界种植面积近一半，其次为亚洲（占 1/5）、欧洲（占 1/7）、拉丁美洲和非洲。我国玉米栽培主要在华北平原、东北平原、关中平原和四川盆地等，占世界玉米产量的 1/6 强。

2. 对人类的影响

（1）食用价值

玉米是人类最重要的粮食来源之一。玉米不脱粒就可直接食用，也可通过蒸、煮、烤后食用。玉米中的维生素含量是稻米、小麦的 5~10 倍，营养价值和保健作用很高。

（2）经济价值

玉米作为我国的高产粮食作物，是畜牧业、养殖业、水产养殖业等的重要饲料来源，也是食品、医疗卫生、轻工业、化工业等的不可或缺的原料。由于玉米中具多种生物活性，如抗氧化、抗肿瘤、降血糖、提高免疫力和抑菌杀菌等，且玉米资源极为丰富又易于获得，因此具有广阔的开发及应用前景。

（3）文化价值

如果说欧洲文明是小麦文明、亚洲文明是稻米文明，那么拉丁美洲文明则是玉米文明。玉米崇拜无疑是墨西哥最重要的文化现象之一。对墨西哥人来说，玉米不仅是食物更是神物，是千百年历史中印第安人崇拜的对象。古印第安文化的众神中，特拉洛克神就是玉米神。墨西哥民间有许多关于玉米的神话和传说，将人类的起源与玉米的发现连在一起。在玛雅人的神话中，人的身体就是造物主用玉米做成的。

（四）▶ 相关故事

传说，有一年东北辽河流域赶上春季大旱。老百姓把高粱、大豆和谷子等都播了种，可老天却连着一个多月一滴雨都没下，种子刚冒出芽就干死了。农民都很无奈，一个个唉声叹气，一脸愁容。这时，村里来一对老夫妇，赶着牛车，车上拉着一个大肚子水缸，引得人们都来围观。

有村民问："这缸是卖的吗？"

老大爷说："不卖。我们是赊种子的。"

"怎么个赊法？"

"赊多少，秋后就还多少。种上我们的种子，不论旱、不论涝都有收成，起码能吃饱肚子，不会挨饿。"

"这种子叫什么？没见过啊。"

"叫饱米。饱米种子人可以吃，饱米秆子可以喂牛。"

人们觉得很划算，于是，村民你三升、他两斗，赊了好几天，方圆百十里地的人都来赊。

细心的村民留意到，那大肚子水缸里的饱米这些天一点也不见少，很是纳闷，就去问村里见多识广的闫秀才。闫秀才想了一天，也没个答案，就说，"待我去问个清楚"。

闫秀才见到老夫妇后就礼貌地问道："敢问两位哪里人氏，怎么称呼啊？"

老大爷说："俺们两口子，蓬莱山人。"

闫秀才想了想说："两口，吕也；山人，仙也。莫非，您老是蓬莱仙师吕洞宾？"

话音刚落地，这对老夫妇就不见了。

到了秋后，饱米获得了大丰收，家家户户都吃上了饱饭。这饱米的名字，用了好多年，后来叫慢慢变成了"苞米"。①

（五）▶ 相关图片

---

① 梦魇绽荼蘼.民间故事：麦子、谷子、高粱只长一个穗与王母娘娘的传说［EB/OL］.（2021-06-14）［2021-10-11］.https://www.163.com/dy/article/GCF6L4DP0543W4LB.html.

二十、大　豆

（一）简介

大豆，豆科大豆属一年生草本植物。茎直立，有时上部近缠绕状，密被褐色长硬毛。叶通常具 3 小叶，小叶宽卵形、近圆形或椭圆状披针形，先端渐尖或近圆，基部宽楔形或近圆形，侧生小叶偏斜。花萼钟状，长 4～6 毫米，密被长硬毛，裂片披针形；花瓣紫、淡紫或白色。荚果长圆形。荚果肥大，长圆形，稍弯，黄绿色，长 4～7.5 厘米，宽 8～15 毫米，密被褐黄色长毛；种子 2～5 颗，椭圆形、近球形，长约 1 厘米，宽 5～8 毫米，开始为黄绿色，成熟后为黄色。花期 6—7 月，果期 7—9 月。

大豆是重要的粮食和油料作物，全球约 70% 的植物蛋白和 30% 的植物油脂是由大豆提供的。

（二）起源及演变历程

5000 多年前人类开始栽培大豆，新石器时代遗址中曾发现大豆的残留物。大量的古代文献记载，大豆起源于中国。《史记·五帝本纪》有这样的记载：轩辕氏"艺五种"。东汉末年经学大师郑玄曰："五种，黍、稷、菽、麦、稻也。"在《史记》另一篇中写道："铺至下铺，为菽"。菽即大豆，说明在轩辕黄帝时已有种植。

大豆是中国传统的粮食作物，朱绍侯主编的《中国古代史》中谈到商代（前 16 世纪—前 11 世纪）经济和文化的发展时指出："主要的农作物，如黍、稷、粟、麦（大麦）、来（小麦）、秕、稻、菽（大豆）等都见于《卜辞》。""大豆"一词最早见于《神农书》的《八谷生长篇》，"大豆生于槐，出于沮石之山谷中。九十日华，六十日熟，凡一百五十日成，忌于卯。"

大豆在 16—19 世纪通过墨西哥的唐人街传到拉丁美洲，并在 1882 年前后传到巴西，后被用作饲料。

（三）现状及对人类的影响

1. 现状

全球大豆生产主要分布于美国、巴西、阿根廷和中国。我国绝大多数省份都种植大豆，集中分布于黑龙江省、吉林省、辽宁省、内蒙古自治区和黄淮海的部分地区。

2. 对人类的影响

（1）食用价值

大豆常用来做豆制品、压豆油、炼酱油和提炼蛋白质。豆渣或磨成粗粉的大豆也常用于禽畜饲料。未发酵的豆类制品有豆浆、豆腐、豆腐皮等；发酵的豆类制品有酱油、豆瓣酱等。在中国、日本和朝鲜半岛，制作和食用不同软硬度的豆腐已有数千年历史，现在欧美国家也开始吃豆腐。大豆富含优质蛋白质及其他营养物质，与同质量的肉类相比，大豆所含的蛋白质比肉类高出 2 倍，现在也有些餐点中用豆制品代替肉，由此大豆又被称"田里的肉"，是素食主义者摄取蛋白质的首选。

（2）医用价值

大豆主要有防治心血管疾病、抗肿瘤及抗病毒等作用。大豆蛋白质和豆固醇能明显改善和降低血脂和胆固醇，从而降低患心血管疾病的概率。大豆脂肪中富含不饱和脂肪酸和大豆磷脂，有保持血管弹性、健脑和防止脂肪肝形成的作用。大豆中富含皂角苷、蛋白酶抑制剂、异黄酮等抗癌成分，对前列腺癌、皮肤癌、肠癌、食道癌等癌症都有抑制作用。黄豆中的植物雌激素与人体中产生的雌激素在结构上十分相似，可以作为辅助治疗妇女更年期综合征的最佳食物，不但经济、有效，而且无副作用。

（3）经济价值

豆油除供食用，还是润滑油、油漆、肥皂、瓷釉、人造橡胶、防腐剂等的重要原料。如用于食品工业的磷脂，以及利用豆甾醇、谷甾醇为医药工业取得廉价的甾醇激素原料。豆油与酒精混合可以制造人造橡胶，还可以制成液体燃料、瓷釉、印刷油墨、聚氯乙烯、树脂等。

（4）文化价值

《诗经》有"中原有菽，庶民采之"的记载。战国时期《墨子》中有："耕稼树艺，聚菽粟。是以菽粟多，而民足乎食"。《吕氏春秋》中记有"得时之菽，长茎而短足，其荚二七以为族，多枝数节"。西汉时期的《战国策》上说："民之所食、大抵豆饭藿羹。"《礼记·檀弓》中说道："子曰：啜菽饮水，尽其欢，斯之谓孝。"出土的殷墟甲骨文中就有"菽"字的原体。山西省侯马市出土的文物中就有大豆。河南省洛阳市汉墓中出土的距今 2000 多年的陶盆上有"大豆万石"的文字记载。

（四）▶ 相关故事

相传豆腐是在汉武帝时期发明的。淮南王刘安在今天安徽省淮南市的八公山上烧炼丹药，偶然以卤水点豆汁，不经意间发明了豆腐。后也有人根据五代陶谷所著的《清异录》"时戢为青阳丞，洁己勤民，肉味不给，日市豆腐数个。邑人呼豆腐为'小宰羊'"，认为豆腐起源于唐朝末期。1960 年，在河南省密县（今河南省新密市）打虎亭东汉墓发现的石刻壁画，再度掀起豆腐是否起源汉代的争论。1968 年，在河北省满城中山靖王刘胜墓中发现花岗岩豆腐水磨，而据《汉书》记载刘胜死于汉武帝元鼎四年（公元前 113），比刘安晚 10 多年。[①]

目前，关于豆腐的传统制法的文字记载，最早见于北宋。明代李时珍的《本草纲目》中亦说："豆腐之法，始于前汉刘安。"

我国豆腐制作的技术从唐代开始传入日本，然后传播到世界各地。日本人多生活在海边，将天然海产品与豆腐相结合，做出各式料理；朝鲜制作出风味各异的豆腐汤；印度尼西亚普遍爱吃"酱拌炸豆腐"；缅甸和越南则创制了颇具东南亚风格的"酱拌蛋花豆腐""什锦盘"；新加坡与马来西亚风行的"肉骨茶"，其实也是豆腐菜肴中的一种。在美国，把豆腐加工成诸如豆腐色拉、豆腐汉堡包、豆腐冰淇淋、豆腐烤鸭、豆腐结婚蛋糕等快餐食品。无论豆腐传播到何处，都能与各类饮食搭配，并相得益彰、珠联璧合。豆腐是中华文化"和"的代表，它不

---

① 佚名. 关于豆腐的奢华往事 ［EB/OL］. （2013-11-05）［2021-10-11］. http://sz.szhk.com/2013/11/05/282858528372776.html.

争风头，可以和任何东西一起烹饪，变幻出各种完全不同风味的料理。

近代清末军机大臣李鸿藻的儿子——李石曾，将国内优秀的豆腐师傅带到法国，曾出版了法文版《大豆研究》专著，后又出版了中文版《大豆》一书。且在20世纪初的巴黎成立了法国第一家豆腐公司。法国人一开始并不太接受豆腐，直到第一次世界大战爆发后，法国粮食、牛奶等物资供应匮乏，豆腐才逐渐被法国人认可，西方世界的菜单上才真正再多了一道美食。美国有专门书籍——《这不可能是豆腐！》，收纳了近80个豆腐菜谱。美国营养学家说，如果每天食用80克大豆食品，就能使罹患癌症的风险降低40%。[1]

（五） ▸ 相关图片

① 佚名. 一碗豆腐，传承着中华文化千年的脉络［EB/OL］.（2019-05-22）［2021-10-11］. http://www.360doc.com/content/19/0522/21/13888283_837560984.shtml.

二十一、番薯

（一）▶ 简介

番薯，又名甘薯、红薯、白薯、红苕、地瓜、山芋。旋花科番薯属植物，多年生草质藤本。茎匍匐地面生长，具不定根，多分枝。叶宽卵形或卵状心形，长5～12厘米，先端渐尖，基部心形或近平截，全缘或具缺裂，叶柄长短不一，长2.5～20厘米。聚伞花序腋生，花冠有粉红、白、淡紫、紫色等色，呈钟状或漏斗状。由于番薯为异花授粉植物，自花授粉常不能结实，所以在单独种植时有只开花不结果的现象。

番薯的食用部分为块根。块根多为圆形、椭圆形或纺锤形，表皮颜色有白色、黄色及紫色等，也就是日常生活中所说的白芯、红芯及紫薯。块根的形状、皮色和肉色等因品种或土壤不同而异。块根里含有乳酸。

（二）▶ 起源及演变历程

番薯原产南美洲及大安的列斯群岛、小安的列斯群岛，后传至世界各地。在古老的阿兹特克文明、印加文明、玛雅文明的演化过程中都曾有番薯的身影。

番薯早期在世界的传播离不开地理大发现和大航海时代。1493年，哥伦布被西班牙女王伊莎贝拉召见时，把在美洲新大陆带回的番薯献给女王。16世纪初，西班牙已普遍种植番薯。西班牙水手把甘薯携带至菲律宾和马鲁古群岛，后又传至亚洲各地。番薯最早在明代后期，从云南、广东、福建分3条路线传进我国。

明嘉靖四十二年（1563年）之前，中国云南已经引种甘薯。明代云南著名文学家、理学家李元阳在《大理府志》中列举"薯蓣"之属五："山药、山薯、紫蕷、白蕷、红蕷。"这其中就提到紫薯（即紫蕷）。后李元阳在主撰的1574年版的《云南通志》里更记录全省9个府和州已经种植了有别于"山药""山薯"

的各种颜色的"蓣"。明万历十年（1582年），东莞人陈益从安南国（今越南）将番薯首先引入广东。明万历二十一年（1593年），《金薯传习录》记述：明万历二十一年五月下旬，福建长乐县华侨陈振龙冒着生命危险将红薯从吕宋（菲律宾古国之一，今吕宋岛马尼拉一带）带回中国，试种后，"甫及四月，启土开掘，子母钩连，大者如臂，小者如拳"，时值福建饥荒，福建巡抚金学曾大力推广，并撰《海外新传七则》。明万历二十三年（1596年）李时珍在《本草纲目》中记载："南人用当米谷果餐，蒸炙皆香美……，海中之人多寿，亦由不食五谷而食番薯故也。"明万历三十六年（1608年），徐光启先是于《番薯疏》中提及番薯，后来在《农政全书》中详细记述了番薯的种植、储藏、加工方法，并提到番薯育苗越冬、剪茎分种、扦插、窖藏干藏等技术，可知先民于引进番薯已经总结出种植的方法，完成本地驯种。

（三）▶ 现状及对人类的影响

1. 现状

番薯在全世界的热带、亚热带地区都广泛栽培。我国大多数地区普遍栽培，目前是世界上番薯产量第一大国。

2. 对人类的影响

（1）经济价值

番薯是一种高产的粮食作物，与工农业生产和大众生活关系密切。农业系统称之为甘薯，食品工业称之为红薯。其块根除了食用，也是食品加工、淀粉和酒精制造工业的重要原料；根、茎、叶又是优良的饲料。

番薯适应性强，产量高，采用集约化种植，单位面积产出几乎相当于玉米的3倍；它的出酒率也很高，转化效率约为10%，即10吨鲜薯或2.8吨薯干就可生产1吨酒精，而且生产成本也是粮食酒精中最低廉的。加工增值效益高使番薯成为发展生物质能源的首要选择。

（2）文化价值

番薯易栽植，对稳定人口、推动人类历史演进不断走向文明具有正向作用。番薯不仅是能源作物，还是粮食安全的重要支撑，并且能做到不和主要粮食作物竞争资源。

（四）▶ 相关故事

　　明万历年间，一位名叫陈振龙的福建读书人在屡次考举不中后，放弃了科举考试，跟着老乡一起下南洋经商。吕宋是陈振龙经常去的地方。在那里，他发现了当地的一种植物——朱薯，此物烤制后能发出浓郁香味，生食也很甘甜，饱腹感强。陈振龙还发现，这朱薯特别好种养，一根藤蔓便可繁殖出一大片，且极耐旱，对土壤条件的要求也不高，适应性非常强。陈振龙联想如果能将这朱薯带回家乡，百姓以此果腹充饥，那该多好！但是，当时的吕宋是西班牙的殖民地，西班牙人的管控很严，特别是对从西班牙引入的农作物管控更严，一旦发现违规之人，格杀勿论！于是，陈振龙一边学习朱薯的种植方法，一边想如何将朱薯带出吕宋。他偶然看到游船上的吸水绳时灵机一动：如果将朱薯的藤蔓绞入其中，从外表上也看不出来，能通过这种方法把朱薯带回国。陈振龙偷摸着实行了这个计划，一路上都胆战心惊，万幸的是，吕宋口岸的官员并未察觉有异，正常放行了。就这样，在明万历二十一年五月，陈振龙乘坐的客船在海上漂浮了一周后到达了福州。经过几日折腾，朱薯的藤蔓已经枯萎，陈振龙连忙舀了水，将藤蔓小心翼翼地放了进去，到了第二天，藤蔓的叶子已经从枯黄变成了绿色，重新焕发了生机。之后，陈振龙将这株藤蔓移植到自家后花园里，小心呵护，浇水施肥。慢慢地，藤蔓开始发芽，长出嫩绿的苗来，不久便迅速发展。

　　陈振龙在家乡试种朱薯取得了成功，朱薯迅速适应了家乡的土壤，解决了粮荒问题。此事也惊动了官府，各级官吏将此事层层上报，朝廷立即命各地府衙对朱薯进行大面积推广种植。

　　后来的事实证明朱薯能够适应中国的大部分地区，朱薯解决了清朝的粮食危机，乾隆皇帝为推广朱薯，每餐必吃，并赞道："好个红薯！功胜人参！"[①]

---

　　① 不见长安旧少年. 明朝商人陈振龙，冒死将番薯藤带回中国，解决数亿人温饱［EB/OL］.（2020-09-30）［2021-10-11］. https://baijiahao.baidu.com/s?id=1676802774450577517&wfr=spider&for=pc.

（五） ▶ 相关图片

二十二、高　粱

(一)▸ 简介

高粱，禾本科高粱属一年生或多年生草本植物。秆较为粗壮，直立，基部节上有支撑根。叶片宽线形、线形至线状披针形。圆锥花序疏松，主轴裸露，总梗直立或微弯曲。果实聚集在一起形成穗，颖果两面平凸，淡红色至红棕色，花果期6—9月。

到了秋季，高粱红艳艳的穗子与绿油油的叶子交相辉映，沉甸甸的高粱穗随风摇曳，很是喜人。

(二)▸ 起源及演变历程

有关出土文物及农书史籍证明，高粱种植最少也有5000年的历史。其起源和进化问题多年来一直有两种说法：一说由非洲或印度传入中国；二说中国原产。但是许多研究者认为高粱原产于非洲，以后传入印度，再到远东。例如，有学者认为，5000年前居住于非洲苏丹尼日尔河流域的爱丁人，已把具有一定食用品质的野生高粱引入栽培。美国高粱转换计划发现，来自非洲埃塞俄比亚和苏丹的高粱样本已经历过长期的人工选择。随着世界民族交流的步伐，高粱走出非洲，到达印度，再由印度传入中国。

(三)▸ 现状及对人类的影响

1. 现状

高粱主要分布于全世界热带、亚热带和温带地区。目前，我国高粱主要种植区域在东北、华北和西南地区，这些区域种植面积占全国高粱总种植面积的

85%～90%。高粱的根系发达，吸收水肥的能力很强，耐盐碱，有着"作物中的骆驼"之称，特别适合生长在我国北方地区。

2.对人类的影响

（1）食用价值

高粱米味甘，性温、涩，和胃消积，温中涩肠，在中国、朝鲜、俄罗斯、印度及非洲等地皆为食粮。

（2）经济价值

高粱含有多酚、植物甾醇、甘蔗脂肪醇等物质，具有抗氧化、降脂等作用。从高粱壳中提取的高粱红色素可以作为食品添加剂，加到冷饮、雪糕、果冻、蛋糕中，能让这些食品呈现山楂、可可或红小豆的颜色。高粱还可以用于造纸、板材以及酿醋等领域。甜高粱不但用以制糖，还可以把其秸秆中的糖高效地发酵成乙醇。而生物乙醇更加清洁环保，是替代化石能源的重要材料。高粱米是制酒的重要原料之一，许多著名的白酒多是以高粱做主料或佐料配制而成的。

（3）文化价值

我国的高粱文化深厚。高粱秆编织在以前的家中随处可见，小到每天都在使用的筷子，大到夏季晚上铺的凉席，还有生活中的农具、出门时带的篮子、小孩子制作的小玩意等。高粱秆扎刻是一项民间手工制作艺术。从传统的蝈蝈笼、秸秆花灯，到扎刻各类仿古建筑模型，做工精细、典雅大方，充分展示出民间艺人的高超技艺。

（四）▶ 相关故事

相传，黄帝建立部落联盟后，命杜康管理粮食生产。那几年，风调雨顺，连年丰收，粮食越打越多，但由于没有仓库，也没有科学保管方法，杜康便把丰收的粮食堆在山洞里。时间一长，因山洞潮湿，粮食全霉坏了。黄帝知道这件事后非常生气，撤了杜康职，让他做粮食保管员。有一天，杜康见森林里的一片开阔地周围有几棵大树枯死了，只剩下粗大树干，并且树干里边空了。杜康灵机一动，想到如果把粮食装在树洞里，也许就不会发霉了。于是，他把树林里凡是枯死的大树都掏空了。不几天，就把打下的粮食全部装进了树洞里。

谁知，过了两年，装在树洞里的粮食经过风吹、日晒、雨淋，慢慢地发酵了。一天，杜康上山查看粮食时，突然发现一棵装有粮食的枯树周围躺着几只山羊、野猪和兔子。开始他以为这些动物都是死的，走近一看，发现它们还活着，而是都在睡大觉。杜康一时弄不清是怎么回事。他又发现两只山羊在装着粮食的树洞前低头用舌头舔着什么。杜康连忙躲到一棵大树背后观察，只见两只山羊舔了一会儿，就摇摇晃晃起来，走不远都躺倒在地上了。杜康仔细看了看，发现原来装粮食的树洞裂开一条缝子，里面的水不断往外渗，山羊、野猪和兔子就是舔了这种水才倒在地上的。杜康用鼻子闻了一下，渗出来的水特别清香，自己不由得也尝了一口。味道虽然有些辛辣，但却特别醇美。他越尝越想尝，最后一连喝了几口。这一喝不要紧，霎时，只觉得天旋地转，刚向前走了两步，便身不由己地倒在地上昏昏沉沉地睡着了。不知过了多长时间，当他醒来时，只觉得精神饱满，浑身是劲。后来，杜康把这件事汇报给了黄帝。黄帝听完杜康的报告，又仔细品尝了他带来的味道浓香的水，立刻与大臣们商议此事。大臣们一致认为这是粮食中的一种元气，并非毒水。黄帝命杜康继续观察，仔细琢磨其中的道理，转过头来命仓颉给这种香味浓郁的水取个名字，仓颉随口道："此水味香而醇，饮而得神。"说完便造了一个"酒"字，黄帝和大臣们都认为这个名字取得好。

后世人为了纪念杜康，便将他尊为酿酒始祖。《说文解字》载杜康始作秫酒，而秫酒就是高粱酒。[①]

（五）▶ 相关图片

---

① 佚名. 酿酒始祖杜康的故事［EB/OL］.（2020–08–18）［2021–10–11］. https://art.china.com/zhuanti/13003907/20200818/38649433.html.

二十三、马铃薯

（一）▶ 简介

马铃薯，别称山药豆、山药蛋、荷兰薯、地蛋、土豆、洋芋等。茄科茄属一年生草本植物。叶为奇数不相等的羽状复叶，小叶常大小相间，长 10 ～ 20 厘米，叶柄长 2.5 ～ 5 厘米。伞房花序顶生，花白色或蓝紫色；花萼钟形，直径约 1 厘米，外面被疏柔毛，5 裂，裂片披针形。浆果圆球状，光滑，直径约 1.5 厘米。

日常生活中食用的部分为马铃薯的地下块茎。块茎扁圆形或长圆形，直径 3 ～ 10 厘米，外皮白色、淡红色或紫色。

（二）▶ 起源及演变历程

关于马铃薯的起源有不同的说法，一种说法是马铃薯有两个起源中心：一个以秘鲁和玻利维亚交接处的的的喀喀湖盆地为中心地区，从秘鲁经玻利维亚到阿根廷西北部的安第斯山高地，包括南美洲的哥伦比亚、秘鲁、玻利维亚的安第斯山区及乌拉圭等地。另一个起源中心是中美洲及墨西哥中部，分布着不同倍性的野生种，但数量较少，至今没有发现原始栽培种分布。而美国农业部大卫·斯普纳研究证明，马铃薯栽培种有一个单一的发源地——秘鲁，而不是早期推测的安第斯山和智利。

1536 年，西班牙探险队员在秘鲁的苏洛科达村附近发现了马铃薯。《格林纳达新王国史》一书中说："我们到达那里发现，印第安人种植了一种奇怪的植物，开着淡紫色的花，茎部结球，含有很多淀粉，味道极好。"1565 年，统治南美的西班牙人将马铃薯当作贡品献给国王菲利普二世。这是马铃薯登陆欧洲最早的文字记录，由此拉开了马铃薯的全球之旅。

根据资料考证认为，我国马铃薯的栽培始于明万历年间（1573—1620 年），京津地区可能是我国最早见到马铃薯的地区之一，已有 400 多年的栽培历史。在万历年间蒋一葵撰著的《长安客话》中，记述了北京地区种植的马铃薯称为土豆。此前徐渭曾作诗《土豆》对马铃薯进行过描述。19 世纪的吴其濬的《植物名实图考》第一次载有马铃薯的素描图，并记载了不同花色、不同叶形的马铃薯，说明在 19 世纪前期，我国的云南、贵州、山西、陕西、甘肃已有大面积种植，并有相当的产量，当时生产上所用的品种也并不单一，并已有压茎栽培和多种食用方法。

（三） 现状及对人类的影响

1. 现状

世界马铃薯主要生产国有中国、俄罗斯、波兰、美国等。我国马铃薯年产量居世界第一，主产区是西南山区、西北地区（如内蒙古自治区）和东北地区。其中以西南山区的播种面积最大，约占全国总面积的 1/3。

2. 对人类的影响

（1）食用价值

马铃薯的营养成分丰富而齐全，丰富的维生素 C 含量远远超过粮食作物；而蛋白质、糖类含量又大大超过一般蔬菜。马铃薯中的蛋白质极易被人体吸收利用，利用率高。

（2）经济价值

马铃薯因高产、耐贫瘠的特性而得到广泛传播，现已成为继水稻、小麦、玉米之后第四位重要的粮食作物。自 2015 年我国提出"马铃薯主粮化"战略以来，马铃薯产业发展更是迎来了前所未有的机遇。马铃薯生产的经济效益高，单位质量产值均高于谷物、豆类、油料作物。马铃薯加工可增值 15～20 倍。随着我国不断融入世界经济，水稻、小麦、玉米和大豆等农作物国际市场竞争力衰减，马铃薯因产量高、成本低的特性发展潜力巨大。

马铃薯深加工产品，如淀粉、全粉、变性淀粉及其衍生物等为食品、医药、化工、石油、纺织、造纸、农业等行业提供了大量丰富的原材料。马铃薯刚抽出的芽条及果实中有丰富的龙葵碱，为提取龙葵碱的原料。

（四）　相关故事

16世纪末，当马铃薯刚刚被引进到欧洲，竟然因不起眼的长相和"不高贵"的身世而不被待见。然而，马铃薯的高产和丰富的营养，很快征服了饥饿中的爱尔兰人——两三公顷贫瘠的土地上，就能生产出养活一大家人和牲畜的土豆。"善解人意"的马铃薯让爱尔兰人如获至宝。种小麦，需要在收割、脱粒、磨面、和面、揉面、烘烤等一系列繁复的工序后，才成为面包。而马铃薯，如同种植它一样容易，挖出来直接扔进锅里或火里就可以了；爱尔兰人还发现，马铃薯除了能保证优质淀粉所具有的能量，还富含蛋白质、B族维生素和维生素C。爱尔兰人日渐强壮的体质，让欧洲权贵也摈弃了对马铃薯的不屑——普鲁士的腓特烈大帝、俄罗斯的叶卡捷琳娜女王，纷纷开始下令让本国农民种植马铃薯。法国国王路易十六在推广马铃薯这件事上，也是不遗余力。他先让玛丽王后在头顶戴上白色和蓝紫色的马铃薯花环，又在王室的菜园里种植了一大片马铃薯，白天派士兵看守，晚上再悄悄撤走。原来被认为"低贱"的马铃薯，转眼便荣升为"植物贵族"。

20世纪20年代，马铃薯自动削皮机的问世使得马铃薯片具备了大规模销售的基础。售卖自动削皮机的公司"乐事"从此家喻户晓，成为薯片的代名词。[①]

（五）　相关图片

---

① 佚名. 土豆的诱惑［EB/OL］.（2019-08-01）［2021-10-11］. https://wenku.baidu.com/view/77837901bdeb19e8b8f67c1cfad6195f312be88c.html.

二十四、青　稞

（一）简介

青稞，禾本科大麦属植物。茎秆直立，高可达 100 厘米左右。叶片较粗糙，长 9 ~ 20 厘米，宽 8 ~ 15 毫米，叶鞘光滑，两侧具有两叶耳，互相抱茎，叶舌膜质。穗状花序成熟后呈黄褐色或紫褐色，小穗先端渐尖，呈芒状。颖果成熟后易脱出。

青稞是大麦的一种特殊类型，被藏族人民称为"乃"。因其内外颖与颖果分离，籽粒裸露，故又被称为裸大麦，也叫米大麦、元麦、淮麦。

（二）起源及演变历程

青稞可能是人类最早驯化的作物之一，中国早在西周以前（公元前 1100 年）就开始栽培。青稞在青藏高原作为主粮种植已经有 3500 年的历史，是世界上最早栽培青稞的地区，经过选择、驯化和栽培，把野生普通大麦培育成青稞。由于青稞适应性广、抗逆性强、产量稳定，种植区逐步扩展到全国各地。

（三）现状及对人类的影响

1. 现状

青稞在我国西北、西南地区常有栽培，主要分布在西藏自治区、青海省、四川省、甘肃省、云南省、贵州省等地。20 世纪 70 年代以前，青稞是青海省等地农牧民主要的口粮之一，但是随着饮食结构的调整，青稞的种植面积不断下降并在 2000 年前趋于稳定。2000 年后，随着国家退耕还林、还草政策以及"天保工程"等相关生态工程的实施，青稞的种植面积进一步下降。后随着公众对青稞加工产品需求的增加，青稞的种植面积又有所增长。

2. 对人类的影响

青稞是中国藏区居民主要食粮、燃料和牲畜饲料，也可作医药和保健品生产的原料。青稞是制作糌粑的原材料。糌粑是藏族人民一日三餐的主食，是极具民族特色的食材。青稞还可以做成麦片粥、米花、面包和馍馍或磨粉制成糕点等。青藏高原海拔高、气候寒冷，当地人酿酒的主要原料也是青稞。青稞秸秆质地柔软，富含营养，是牛、羊、兔等食草性牲畜的优质饲料，也是高寒阴湿地区冬季牲畜的主要饲草。

（四） 相关故事

传说很早以前，百姓食不果腹，曾经大量种植并可以作为主食和酿酒材料的青稞却失传了。原因是青稞种子被一个住在魔鬼城的魔鬼占据了，而魔鬼城无人能够接近，想取回种子的人都有去无回。

一名年轻男子立志要取回种子。一天，他在魔鬼城旁边的一棵大树下休息时碰到一位白须老者。老者得知他的意图，对他说："年轻人，我劝你还是别去了，其他有你这样想法的人都被魔鬼吃掉了。"年轻男子不仅没有害怕，还坚定地说："为了更多的人免于饥荒，我愿意冒险，即使被魔鬼吃了，我也要找到青稞种子。"白须老者见识了年轻男子的英雄气概，便告诉他魔鬼每天都要上到山顶上去煨桑祭神，并交给年轻人一粒黑色的药丸，告诫他在危急时服下。

年轻男子先是蹲守山洞远处，了解了魔鬼煨桑的时间，然后他趁魔鬼外出时潜入山洞，正当他把青稞种子装满一袋时，魔鬼提前返回山洞，他迅速吃下那颗黑色药丸，拔腿便跑。魔鬼施法将男子变成了一条藏獒。藏獒驮着青稞种子来到邻寨拉姆家，拉姆姑娘收留了它，并把青稞种子种到了地里。到了秋天，地里的青稞金黄一片，拉姆看到丰收的青稞，对本来就忠实可靠的藏獒更是喜爱。拉姆想到与藏獒相处的点滴，藏獒对自己的保护与衷心，心想"要是如意郎君就像藏獒一样守护身旁，该多好啊。"突然，藏獒变回了人形，并将来龙去脉一五一十讲述出来。之后，年轻男子煮出了青稞美酒，父老乡亲和白须老者都来庆祝青稞的丰收，并学会了制酒之法，代代相传。

（五） 相关图片

主要参考文献

［1］中国科学院中国植物志编辑委员会. 中国植物志［M］. 北京：科学出版社，1999.

［2］Kim Nill. 生物技术对国际贸易、人类健康和环境的影响［J］. 饲料广角，2002（22）：22–26.

［3］佚名. 大豆制品与人类健康［J］. 中国食物与营养，2002（1）：57.

［4］胡振宾. 大豆产量及相关性状的连锁分析与关联分析［D］. 南京：南京农业大学，2013.

［5］陈永发，钟春梅，苏芳，等. 高粱在人类食品中的应用［J］. 粮食加工，2013，38（4）：49–54.

［6］李丹. 人类食用高粱的最早发现［J］. 农业技术与装备，2010（17）：25.

［7］何炳棣. 美洲作物的引进、传播及其对中国粮食生产的影响［J］. 世界农业，1979（4）：34–41.

［8］李秦. 马铃薯的"慷慨"与"诅咒"［D］. 开封：河南大学，2017.

［9］张宇凤，于冬梅，郭齐雅，等. 马铃薯与人类健康关系的研究进展［J］. 中国食物与营养，2016，22（5）：9–13.

［10］李灿辉，杨文丽，王军. 论马铃薯的文化意义和社会影响［J］. 云南师范大学学报（哲学社会科学版），2002（2）：122–128.

［11］邓鹏，张婷婷，王勇，等. 青稞的营养功能及加工应用的研究进展［J］. 中国食物与营养，2020，26（2）：46–51.

［12］曾雄生. 小麦引种影响中国历史［N］. 粮油市场报，2018–09–27（A04）.

［13］严火其，陈超. 历史时期气候变化对农业生产的影响研究：以稻麦两熟复种为例［J］. 中国农史，2012，31（2）：17–27.

［14］肖亮，周玉华. 新世纪生命科学发展的成就［J］. 生物学教学，2010，35（4）：69–70.

［15］张扬. 人类的营养源：小麦［J］. 中国新技术新产品，2008（6）：90–93.

［16］庞乾林. 一位院士的愿望：加强交流　密切合作　育好品种　造福人

类：袁隆平先生与中国水稻研究所科技人员座谈侧记［J］. 中国稻米，2000（1）：39–40.

［17］周玉伦. 大豆核酸露：人类的营养饮料［J］. 大豆通报，2007（5）：47.

［18］杜刚强，王千里. 大豆与人类的关系［J］. 中国农村小康科技，1999（3）：3–5.

［19］张靖杰，国鸽，李鹏高. 薯类蛋白对人体健康的影响及作用机制研究进展［J］. 食品安全质量检测学报，2017，8（7）：2575–2580.

［20］周源和. 甘薯的历史地理：甘薯的土生、传入、传播与人口［J］. 中国农史，1983（3）：75–88.

［21］王绍光，王洪川，魏星. 大豆的故事：资本如何危及人类安全［J］. 开放时代，2013（3）：87–108.

［22］闫松显，吕云怀，王莉，等. 西南区酿酒高粱的种质形成和发展［J］. 中国酿造，2017，36（5）：17–21.

［23］李水城. 美洲农业起源探索的先驱：记考古学家马尼士［J］. 南方文物，2016（1）：264–271.

［24］谷茂，马慧英，薛世明. 中国马铃薯栽培史考略［J］. 西北农业大学学报，1999（1）：80–84.

［25］石玉学，曹嘉颖. 中国高粱起源初探［J］. 辽宁农业科学，1995（4）：42–46.

第 三 章

水 果

二十五、苹　　果

（一）▶ 简介

苹果，蔷薇科苹果属植物落叶乔木。最高达 15 米，多具有圆形树冠和短主干。叶椭圆形、卵形或宽椭圆形，长 4.5 ~ 10 厘米。伞形花序集生枝顶，花瓣倒卵形，长 15 ~ 18 毫米，白色，含苞未放时带粉红色。果扁球形，顶端常有隆起，萼洼下陷，萼片宿存，果柄粗短。

苹果的果实属于假果，果实类型为梨果。梨果的果实由 5 个合生心皮、下位子房与花萼筒一起发育而成。在受精后，包围子房的花萼筒与子房一同发育，形成肥厚多汁的外果皮和中果皮，只有中央的很少部分为子房壁形成的内果皮。

（二）▶ 起源及演变历程

苹果原产于欧洲中部、东南部，中亚、西亚和中国的新疆。在公元前 300 年的欧洲已记载了苹果的品种。后来，罗马人开始栽培，并有嫁接繁殖。18 世纪已利用自然杂交进行实生苗选育，并逐步推广栽培。发现美洲新大陆后，欧洲移民把苹果传入了美洲。日本在明治维新时代从欧美引入苹果。此后，大洋洲、非洲也都相继引入苹果。

中国土生苹果属植物在古代又称"柰"或"林檎"。李时珍说："柰与林檎，一类二种也，树实皆似林檎而大。有白、赤、青三色，白者为素柰，赤者为丹柰，青者为绿柰"和"林檎，即柰之小而圆者，其类有金林檎、红林檎、水林檎、蜜林檎、黑林檎，皆以色味立名"。而《食性本草》中亦有说："林檎有三种，大长者为柰，圆者林檎，小者味涩为楸。"

苹果在中国的栽培记录可以追溯至西汉汉武帝时期，上林苑中曾栽培林檎和柰，当时多用于熏香衣裳等，亦有置于床头当香熏或置于衣服内作为香囊，较少食用。但也有人认为，林檎和沙果曾被误认为苹果，真正意义上的苹果是元朝时期从中亚地区传入中国，当时只有在宫廷才可享用。

中国土生苹果品种在清代以前曾在今河北省、山东省等地广泛种植，特点是产量少、果实小、皮薄、味道甜美，但不耐储存，容易破损，因此价格昂贵，清代用其当作贡果。清朝末年，烟台和大连成为著名的苹果产地。民国时期以后，西洋品种苹果逐渐在中国市场上占据主要地位，中国土生品种苹果逐渐被果农淘汰，种植范围不断缩小，最后仅河北省怀来地区有少量保存，但这些果树也于20世纪70年代前后灭绝。

（三）▶ 现状及对人类的影响

1. 现状

我国有着适宜于苹果生长发育的得天独厚的地理、土壤和气候条件，是理想的苹果生产地。苹果在我国主要分布于辽宁省、河北省、山西省、山东省、陕西省、甘肃省、四川省、云南省、西藏自治区等地。适生于山坡梯田、平原旷野以及黄土丘陵等处。

2. 对人类的影响

（1）食用价值

苹果富含多种微量元素和维生素等人体所需的营养成分，是公认的营养丰富的健康水果之一。苹果含有较多的钾，能与人体过剩的钠盐结合，使之排出体外。当人体摄入钠盐过多时，吃苹果有利于平衡体内电解质。苹果中含有的磷和铁等元素，易被肠壁吸收，有补脑养血、愉悦心情、宁神安眠的作用。而苹果籽更被誉为"生命之库"，营养成分更是果肉的10倍以上。苹果籽蕴含大量植物性激素，能有效调节人体内分泌，促进细胞微循环，提高细胞活性等。

苹果除生食，烹食方法也很多，常用作点心馅，苹果馅饼可能是最早的美国式甜食。炸苹果常与香肠、猪排等菜肴同食，尤其在欧洲特别普遍。

（2）观赏价值

苹果春季观花，白润晕红；秋时赏果，丰富色艳，是观赏结合食用的优良树种。

（3）文化价值

现代汉语所说的"苹果"一词源于梵语，为古印度佛经中所说的一种水果，最早被称为"频婆"，后被汉语借用，并有"平波""苹婆"等写法。明朝万历年间（1573—1620年）的农书《群芳谱·果谱》中，有"苹果"词条，称："苹果，出北地，燕赵者尤佳。接用林檎体。树身耸直，叶青，似林檎而大，果如梨而圆滑。生青，熟则半红半白，或全红，光洁可爱玩，香闻数步。味甘松，未熟者食如棉絮，过熟又沙烂不堪食，惟八九分熟者最佳"。许多中国农学史、果树史专家认为这是汉语中最早使用"苹果"一词。

（四）　相关故事

学生向大哲学家苏格拉底请教如何才能坚持自我。苏格拉底并未直接回答这个问题，而是让大家都坐下来，然后拿出一个苹果，慢慢地从每个学生的座位旁走过，一边走一边说："请大家集中精力，注意嗅一下空气中的气味。"然后问道："有哪位同学闻到了苹果的气味了？"

这时有一位学生举手回答说："我闻到了，是苹果的香味儿！"

"还有哪位同学闻到了？"苏格拉底又问。

没有学生再回答。

苏格拉底再次举着苹果，慢慢地从每一个学生旁边走过，边走边叮嘱："请同学们务必都集中精力，仔细嗅一嗅。"之后他又问："大家闻到苹果的气味了吗？"这次，大部分学生都举起了手。

苏格拉底第三次走到学生中间，让每位学生都嗅了嗅苹果。他再次提问："同学们，大家闻到苹果的气味儿了吗？"这次，除了一位学生，其他学生都举起了手。苏格拉底笑着问大家："大家都闻到了什么味儿啊？"学生们异口同声地回答："香味儿！"苏格拉底问那位未举手的学生："你为什么不举手？"那位学生说："我什么味儿也没闻到。"

苏格拉底的笑容不见了，他举着苹果缓缓地说："非常遗憾，这是一个假苹果，什么味儿也没有。如果不能坚持自己的看法，是没有办法保持自我的。"他指了指那位没举手的学生说：“只有他说了实话，而说实话的人，就是保持自我的人！”①

（五） 相关图片

---

①　文眼看世界．哲理故事：苏格拉底的苹果！［EB/OL］．（2018–04–18）［2021–10–11］．
https://baijiahao.baidu.com/s?id=15980435072261308854&wfr=spider&for=pc.

二十六、桃

（一）▶ 简介

桃，蔷薇科桃属落叶小乔木，高达8米。树皮暗灰色，随年龄增长出现裂缝。叶片窄椭圆形至披针形，长15厘米，宽4厘米，先端成长而细的尖端，边缘有细齿，暗绿色，有光泽。花单生，萼筒钟形，花瓣长圆状椭圆形或宽倒卵形，粉红色，稀白色。核果近球形，成熟时向阳面具红晕，果肉有香味，甜或酸甜。

桃是先花后叶，花朵一般在3—4月开放，花朵娇艳，气味淡雅。

（二）▶ 起源及演变历程

中国是桃的故乡。在过去相当长的一段时间内，由于考古学资料的不足和缺乏深入的研究，某些西方学者仅仅根据语言学的推理和在"中国未见到野生桃树"的猜想，做出了"桃树起源于波斯并从那里传播到欧洲去"的错误结论。近代中国考古学家在浙江省河姆渡新石器时代遗址和河南省郑州市二里岗新石器时代遗址中，发掘出数量极多的野生桃核，经鉴定，它们和今天栽培的桃完全相同。说明我国利用和种植桃树已有悠久的历史了，比其他国家都要早。有力地支持了中国是桃树的起源地的结论。

我国春秋时期《诗经·魏风》中就有"园有桃，其实之肴"的句子。表明当时就有桃的栽培。后来一些古籍，如战国时期《韩非子》《山海经》《吕氏春秋》等都有关于桃树的记载。这些表明，在较早时期黄河流域广大地区都种植有桃树。西汉时期的《礼记》中还有把桃列为祭祀神仙的五果（桃、李、梅、杏、枣）之一的记载。

公元前2世纪之后，桃树沿"丝绸之路"从甘肃、新疆经由中亚向西传播到波斯，再从那里引种到希腊、罗马、地中海的沿岸各国，而后渐次传入法国、德国、西班牙、葡萄牙。但直至 9 世纪，欧洲种植桃树才逐渐多起来。15 世纪后，中国的桃树引入了英国。印度的桃树也是从中国引种的。

（三）▶ 现状及对人类的影响

1. 现状

在我国，桃的主要经济栽培区为华北、华东地区，较为集中的栽培地区有北京市、天津市、河北省、河南省、山东省、陕西省、甘肃省、四川省、辽宁省、浙江省、上海市、江苏省等地。

2. 对人类的影响

（1）食用价值

桃的果实因肉质鲜美，被称为"天下第一果"。桃肉含蛋白质、脂肪、粗纤维、钙、磷、铁、胡萝卜素、维生素 B_1 以及有机酸（主要是苹果酸和柠檬酸）、糖分（主要是葡萄糖、果糖、蔗糖、木糖）和挥发油。桃树干上分泌的胶质俗称桃胶，可用作黏合剂等，为一种聚糖类物质，水解能生成阿拉伯糖、半乳糖、木糖、鼠李糖、葡糖醛酸等，可食用，也供药用，有破血、和血、益气之效。

（2）文化价值

桃在中国文化中具有多种寓意。桃的果实寓意长寿、生命；桃木具有辟邪之意；桃花寓意硕美。从古至今，"桃"在陶器、年画、雕刻、绘画等多种民俗事物中都有所呈现，并一直流传至今，被人们所喜爱、赞扬，逐渐形成独特的桃文化。

在《诗经》中有写桃的名句"桃之夭夭，灼灼其华"。唐代诗人崔护在《题都城南庄》中写道："去年今日此门中，人面桃花相映红。人面不知何处去，桃花依旧笑春风。"汉代韩婴《韩诗外传》中记载："夫夫春树桃李，夏得阴其下，秋得食其实。"后来，人们就以"桃李"比喻栽培的后辈和所教的门生，常常给予教师"桃李满天下"的赞誉。

（四）▶ 相关故事

"千门万户曈曈日，总把新桃换旧符。"桃木在我国自古就有辟邪镇宅之说，被称为神木。相传，玉皇大帝早年间独自出游，来到人间时，在太行山脚下瞧见佛祖与太上老君在同尧说法论道，便加入其间，这一坐便是七天七夜。临行分别时，太上老君送每人一粒灵丹。在返城时，玉皇大帝突感身体不适便躺下休息，太上老君送的那颗灵丹神奇地迅速化作一棵玉树为玉皇大帝遮阴护驾。就在这时，早就有心想害玉皇大帝取而代之的巫次魔邪见时机已到，伸出魔爪欲置玉皇大帝于死地。在千钧一发之际，玉树回身重重抽打了巫次魔邪三下。巫次魔邪疼痛难忍，仓皇逃窜，没跑多远就倒地而亡。玉皇大帝想：玉树护佑了我，驱赶了邪魔，应该让它留在人间保佑万民。他收了玉树变回灵丹，然后用力向上一抛，等灵丹落下来时，立即化作桃林树木之神，成为众桃树的灵魂。从那以后，人们就将这颗桃核做成桃心结来祈愿转运，驱魔保平安。①

（五）▶ 相关图片

---

① 佚名. 桃符的传说［EB/OL］.（2016−02−01）［2021−10−11］. http://news.gog.cn/system/2016/02/01/014752083.shtml.

二十七、梨

（一） 简介

梨，蔷薇科梨属植物的统称，通常为落叶乔木或灌木，极少数为常绿。叶片多呈卵形，大小因种不同而各异。花为白色，或略带黄色、粉红色。果实形状有圆形的，也有基部较细、尾部较粗的，即俗称的"梨形"。不同品种的果皮颜色大相径庭，有黄色、绿色、黄中带绿、绿中带黄、黄褐色、绿褐色、红褐色、褐色，个别品种亦有紫红色。野生梨的果径较小，而人工培植的品种果径一般较大。

梨果和苹果一样，果实为假果，果实类型为梨果，即果实并不是仅仅由子房发育而成，而是由 5 个合生心皮、下位子房与花萼筒一起发育而成。

（二） 起源及演变历程

南京农业大学园艺学院张绍铃教授团队经过研究，发现了梨的起源与传播路径："梨是世界性栽培的重要果树，其栽培历史可以追溯到 3000 多年前。中国、日本、韩国都以亚洲梨为主，果实以圆形为主，口感甜脆，在树上成熟后即可采食，目前的栽培种主要包括白梨、砂梨、秋子梨和新疆梨；而欧美国家以西洋梨为主，果实以葫芦形为主，采收后通常需要经过一段时间的'后熟'（类似猕猴桃）才能食用，口感软绵，酸甜，具有浓郁芳香味，栽培种只有 1 个，统称为西洋梨。"

该团队证实梨最早起源于中国的西南部，经过亚欧大陆传播到中亚地区，最后到达亚洲西部和欧洲，并经过独立驯化而形成了现在的亚洲梨和西洋梨两大种群。

（三）▶ 现状及对人类的影响

1.现状

梨是世界主要果树之一，各大洲均有栽培，亚洲、欧洲产量最多。在我国，梨的栽培面积和产量仅次于苹果。全国各地均有分布，其中，河北省、山东省和辽宁省是梨的集中产区，栽培面积占全国栽培面积的50%左右，产量占全国总产量的60%左右。

2.对人类的影响

（1）食用价值

梨被誉为"百果之宗"，果肉不仅鲜甜可口、香脆多汁，而且营养丰富。梨含有多种维生素及钾、钙元素，有降血压、清热、镇静和利尿作用，对高血压、心脏病伴有的头晕目眩、心悸、耳鸣症状有一定的效果。梨生吃，能解除因上呼吸道感染所产生的咽喉干燥痒痛、干咳及烦渴、潮热等症。

（2）文化价值

梨是我国传统佳果，栽培历史在3000年以上。晋代葛洪的《西京杂记》中就有"上林苑有紫梨、青梨、大谷梨、细叶梨、紫条梨及瀚海梨"等关于梨品种的记载。梨花在初春开放，花素淡无染，洁白如雪，深得文人雅士的喜爱。唐代诗人岑参有诗云："忽如一夜春风来，千树万树梨花开。"宋代大文豪苏轼诗曰"梨花淡白柳深青，柳絮飞时花满城"；黄庭坚诗云"桃花人面各相红，不及天然玉作容，总向风尘尘莫染，轻轻笼月倚墙东"。

唐玄宗曾选乐工300人、宫女数百人教授乐曲于梨园，亲自订正声误，号"皇帝梨园子弟"。后人因之称戏班为"梨园"，戏曲演员为"梨园子弟"。

（四）▶ 相关故事

传说很久以前，赵州的很多百姓都患上了咳嗽病，用尽各种办法都不见效，咳嗽厉害者相继死去。王母娘娘知道后，便化成一位老妇，带着一棵树来到赵州，指导人们把这棵树种上，并告知人们明年吃这棵树上结的果子可以治咳嗽病。到了第二年，人们吃了这棵树所结的果实，病果然好了。因为它对百姓有利，人们就叫它"利树"，后来将其改为了"梨树"。①

（五）▶ 相关图片

　　① 佚名．赵州梨的传说：美丽故事传诵千年［EB/OL］．（2018–04–19）［2021–10–10］．http://sjz.hebnews.cn/2018–04/19/content_6852379.htm.

二十八、西　瓜

（一）▶ 简介

西瓜，葫芦科西瓜属一年生蔓生藤本植物，茎枝粗壮，具明显的棱。卷须较粗壮，具短柔毛，叶柄粗，密被柔毛，叶片纸质，三角状卵形，带白绿色，两面都有短硬毛，叶片基部心形。西瓜的花为雌雄同株，雌、雄花均单生于叶腋，花萼筒宽钟形，花冠淡黄色，雌花的柱头肾形，明显。果实大型，近于球形或椭圆形，果皮光滑，色泽及纹饰各异，果肉甜美多汁，多为红色，现也有白色、黄色等。

西瓜又名寒瓜、天生白虎汤、夏瓜、水瓜等，是消暑的佳果。

（二）▶ 起源及演变历程

中国是世界上最大的西瓜产地。关于西瓜的由来，说法有二。一种说法认为并非源于中国，而是产自非洲，于西域传来，故名"西瓜"；另一种说法源于神农尝百草的传说，相传西瓜在神农尝百草时被发现，原名叫"稀瓜"，意思是水多肉稀的瓜，但后来传着传着就变成了"西瓜"。

据明代科学家徐光启《农政全书》记载："西瓜，种出西域，故之名。"明代李时珍在《本草纲目》中记载："按胡峤于回纥得瓜种，名曰西瓜。则西瓜自五代时始入中国；今南北皆有。"过去，有人引宋代欧阳修《新五代史·四夷附录》说：五代同州郃阳县令胡峤入契丹"始食西瓜""契丹破回纥得此种，以牛粪覆棚而种，大如中国冬瓜而味甘"，于是，西瓜从五代时由西域传入中国的说法，似乎成了定论。其实，这种说法并不确切。明代李时珍在《本草纲目》中指出："西瓜又名寒瓜。陶弘景（南北朝时人）注瓜蒂言永嘉（晋怀帝年号）有寒瓜甚大，可藏至春音，即此也。盖五代之先瓜种已入浙东，但无西瓜之名，未遍中国尔。"唐代段成式的《酉阳杂俎》卷十九记载南朝沈约的《行园》诗云："寒瓜方卧垅，秋蒲正满陂。紫茄纷烂熳，绿芋都参差。"从诗中谈到寒瓜卧垅的时节看，正跟西瓜相符。另外，早先北京有先上市的西瓜为"水瓜"，后上市的为"寒瓜"之说；今访果农，也说晚西瓜确有"寒瓜"一称。

　　1976 年，广西壮族自治区贵县（古旧县名，位于今贵港市——出版者注）西汉墓椁室淤泥中曾发现西瓜籽；1980 年，江苏省扬州市西郊邗江县汉墓随葬漆笥中出有西瓜籽，墓主卒于汉宣帝本始三年（公元前 71 年）。这就证明了李时珍记载的可靠性。

（三）　现状及对人类的影响

1. 现状

　　我国各地均有栽培，以新疆维吾尔自治区、甘肃省、山东省、江苏省等地所产最为有名。西瓜品种很多，外果皮、果肉及种子形式多样。

2. 对人类的影响

（1）食用价值

　　西瓜号称"夏季瓜果之王"，生食能解渴生津，解暑热烦躁，有"天生白虎汤"之称。中国民间谚语云：夏日吃西瓜，药物不用抓。说明暑夏最适宜吃西瓜，不但可解暑热、发汗多，还可以补充水分。在新疆维吾尔自治区哈密市由于日夜温差大，白天热，夜寒冷，故俚语云：朝穿皮袄午穿纱，怀抱火炉吃西瓜。

（2）药用价值

　　果皮（西瓜皮）甘，凉；清热解暑，止渴，利小便。中果皮（西瓜翠）甘、淡，寒；清热解暑，利尿。整品加工品（西瓜黑霜）用于水肿、肝病腹水。瓤（西瓜）甘，寒；清热解暑，解烦止渴，利尿。

（四）　相关故事

　　有这样一个传说，一天山中猴王找到了一个大西瓜。但是，它不知道西瓜的吃法，有心请教别人吧，又不好意思，那样就显得自己太无知了。"这……哎！有了！"猴王想出了一条妙计。他把猴子猴孙，那一大群猴儿召集到一块儿。猴王说："今天我找到了一个大西瓜，把你们请来饱餐一顿。可是我要先考考你们。

这西瓜的吃法嘛，我是知道的，可我要看你们说得对不对。谁说对了就多吃一份，谁要是说错了，可是要受罚的。"

小毛猴听了，搔了搔腮说："我知道，我知道，西瓜是吃瓤儿！"

"不对！"一只短尾巴猴说："我不同意它的说法！上次我到姑姑家吃过甜瓜，甜瓜是吃皮的。我想甜瓜是瓜，西瓜也是瓜，总而言之都是瓜。西瓜当然也吃皮啦！"

"吃西瓜吃瓤！"

"不对，西瓜是吃皮的！"

"这……"猴王不知谁是谁非，就把眼光转到了年岁最大的老猴身上。

老猴一看，大家的目光都集中到自己身上，就哆哆嗦嗦地站起来，说话了："这个，这个，这个……西瓜，西瓜，当然……是吃皮的啦！我之所以老而不死，就是吃了西瓜皮的缘故！"

听老猴这么一说，猴子们都喊叫起来："对，吃西瓜吃皮！吃西瓜吃皮！"

猴王一看大家都说西瓜是吃皮，就以为真正的答案找出来了。他大着胆子对大家说："你们大家说得都对，吃西瓜是吃皮。哼，只有小毛猴说错了，那就让它吃瓤，我们大家都吃西瓜皮。"说着拿起刀"扑"的一下把西瓜剖开。

吃着吃着，一只小猴子觉得不是味儿，捅了捅旁边的猴说："哎，我说，这东西怎么不好吃呀？"

"那，那是你吃不惯。我过去常吃西瓜，西瓜嘛，就是这个味儿。"[①]

（五）相关图片

———————
① 佚名.猴子吃西瓜［EB/OL］.（2018-04-19）［2021-10-10］. http://www.1010jiajiao.com/xxyw/shiti_id_eb557667a8949928fb8577cb79e44548/.

二十九、芒 果

（一）▶ 简介

芒果，漆树科芒果属常绿大乔木，叶片革质，单叶互生，梢端叶片密集<u>丛生</u>，呈假轮生状，长圆形或长圆状披针形，又窄又长，可达 12 ~ 30 厘米，先端渐尖，全缘，叶柄长 2 ~ 6 厘米。圆锥花序长 20 ~ 35 厘米，小花较小，黄色或淡黄色。核果肾形，大，长 5 ~ 10 厘米，径 3 ~ 4.5 厘米，果肉成熟时黄色，味甜，果核扁，坚硬。

（二）▶ 起源及演变历程

芒果是著名的热带水果，原产于印度，一直有"热带果王"的美称，生长于南北纬 26° 之间干湿季分明的热带、亚热带季风气候区，主要分布在马来半岛、印度尼西亚群岛、中南半岛和菲律宾等地。大约在唐代，芒果从印度引种到中国。20 世纪 50—60 年代，陆续在我国云南省西双版纳地区和广西壮族自治区十万大山地区、百色市那坡县发现丰富的野生芒果资源。

（三）▶ 现状及对人类的影响

1. 现状

芒果全世界范围内分布于印度、孟加拉国、中南半岛和马来西亚。我国芒果分布于云南省、广西壮族自治区、广东省、福建省、台湾地区等，生于海拔 200 ~ 1350 米的山坡、河谷或旷野的林中。世界各地已培育出 1000 多个品种，我国栽培已达 40 余个品种。

2.对人类的影响

（1）食用价值

芒果果实肉质细腻，气味香甜，含有丰富的糖分、维生素、蛋白质、胡萝卜素、可溶性固形物等物质，而且人体必需的微量元素（硒、钙、磷、钾、铁等）含量也很高，是深受人们喜爱的热带水果。

（2）药用价值

现代医学研究认为，芒果具有一定的防治晕车、晕船，防动脉硬化及高血压，防癌、抗癌的作用。另外，芒果中含有大量的纤维，有清肠胃的功效。芒果叶的提取物能抑制化脓球菌、大肠杆菌、绿脓杆菌，同时还具有抑制流感病毒的作用。

（3）经济价值

芒果叶和树皮可作成黄色染料。芒果木材坚硬，耐水蚀，宜作成舟车或家具等。芒果可以制作多种加工品，如果肉可做糖水片、果酱、果汁、蜜饯、脱水芒果片、话芒以及盐渍或酸辣芒果等；叶可做清凉饮料；种子可提取蛋白质、淀粉（可用作饲料）、脂肪（可替代可可脂配制糖果，亦可作为肥皂）。

（4）园林绿化

芒果为常绿乔木，树干挺拔，分枝点较高，树形端正、形态优雅，冠幅较大，枝叶繁茂、蔽荫度好，且对环境适应性、抗逆性强，是优良的热带庭园和行道树种。

（四）▶ 相关故事

芒果是世界性受欢迎的水果之一，尤其受南亚及东南亚各国人民喜爱。印度、巴基斯坦和菲律宾等国将芒果定为"国果"，孟加拉国还将芒果树定为国树。根据印度最古老的一部诗歌集《梨俱吠陀本集》记载，爱神伽摩手持甘蔗做的弓，射出由5种花编成的箭，被箭射中的人就会坠入爱河，而芒果的花就是这5种能够带来爱情的花之一。在印度传统文化中，芒果代表着吉祥、平安。直到今天，印度人在迁入新居时，还会在门口上方悬挂芒果枝条，以祈求家宅平安、人丁兴旺。

早期印度的梵文诗人常常云游四方吟唱诗歌，他们喜欢吃芒果树上的嫩芽，认为这些嫩芽能够令他们的嗓音更加甜美。印度文学作品中，经常用芒果来形容美女，用芒果的甜美多汁比喻美女的眼眸，用芒果娇艳红晕的表皮比喻美女脸颊吹弹可破的肌肤……①

（五）▶ 相关图片

①　佚名.芒果也是一种文化［EB/OL］.（2016–10–11）［2021–10–10］.https://www.sohu.com/a/115891252_395797.

三十、杏

（一） 简介

杏，蔷薇科李属落叶乔木。叶互生，阔卵形或圆卵形。花单生或 2 ~ 3 个同生，白色或微红色。果实为圆、长圆或扁圆形核果，果皮多为白色、黄色至黄红色，向阳部常具红晕和斑点，暗黄色果肉，味甜多汁。杏核表面平滑，边缘厚而有沟纹。

不仅杏果实鲜美多汁，甜酸适度，杏仁也因营养丰富成为深受人们喜爱的坚果。

（二） 起源及演变历程

研究人员认为，普通杏最初起源于我国西北部的新疆维吾尔自治区伊犁河谷地区，后来通过中亚传播，最后传播到欧洲。经研究发现，我国新疆维吾尔自治区北部伊犁等地的野杏是第三纪后期保留下来的孑遗物种；新疆维吾尔自治区南部的栽培杏很可能是由伊犁河谷的野杏传播演化而来。

（三） 现状及对人类的影响

1. 现状

杏分布于世界各地，其中，中国、伊朗、巴基斯坦、乌兹别克斯坦、摩洛哥、阿尔及利亚、乌克兰和美国等是主产国。杏在我国各地都有分布，尤以华北、西北和华东地区较多，多数为人工栽培，而在新疆维吾尔自治区伊犁一带也有野生成纯林或与新疆野苹果林混生，适生海拔可达 3000 米。

2.对人类的影响

（1）食用价值

杏是常见水果之一，营养极为丰富，内含较多的糖、蛋白质以及钙、磷等矿物质，另含维生素 A 原、维生素 C 和 B 族维生素等。杏性温热，经常食用杏大有裨益，适合代谢速度慢、贫血、四肢冰凉的虚寒体质之人；患有受风、肺结核、痰咳、浮肿等病症者也可食用；还有一定防癌的作用。还能将其做成加工品，如杏果可制成杏脯、杏酱等；杏仁可用来榨油。

（2）经济价值

杏木质地坚硬，是做家具的好材料；杏树枝条可做燃料；杏叶能用于饲料。

（3）文化价值

唐以前文人的咏杏诗很多。南北朝时期著名诗人庾信有《杏花诗》曰："春色方盈野，枝枝绽翠英。依稀暎村坞，烂漫开山城。好折待宾客，金盘衬红琼。"北宋文豪苏轼将此意境发展极致的便是《月夜与客饮酒杏花下》中描述的："褰衣步月踏花影，炯如流水涵青苹"。在我国，"杏林"是中医学界的代称。

（四） 相关故事

三国时期，吴国有一位名为董奉的大夫。他从少年时期就立志要做一位济世的医者。

有一年，他途经今安徽省凤阳地界时，看到当地由于战乱而满目疮痍，人们贫病交加，感到十分痛心。为了帮助人们渡过难关，他便在凤凰山南边六十里的一个小山坡住下来。他根据当地的自然条件，把江南地区种植果木的农业技术传播给当地农民，鼓励人们开荒种杏树。在刚开始，人们对这位"游医郎中"提倡的种杏致富大都持怀疑态度，响应者寥寥无几。于是，董奉就立了一个奇特的规矩：看病不收钱，但病人痊愈后要在他居住的山坡上栽上杏树：重者五株，轻者一株。由于董奉医术高明，渐渐的附近的病人纷纷慕名而来，过了数年，那片山坡上就种植了万余株杏树。到了杏成熟时，董奉便写上一张告示：来买杏者，只要留下一斗谷子，便可自行摘一斗杏回去。他又用把杏子交换来的谷用来救济贫民。每年有很多的人受到董奉的救济。

后来,"杏林"的故事流传了下来,人们用"杏林"作为医界的代称,用"杏林春暖""杏林春满""杏林满园"等来赞扬医生医术高明和医德高尚。①

(五) ▶ 相关图片

---

① 佚名."建安三神医"董奉与"杏林"一词的来历典故[EB/OL].(2021-02-26)[2021-11-10]. https://baijiahao.baidu.com/s?id=1692711929830521399&wfr=spider&for=pc

三十一、龙眼

（一）► 简介

龙眼，无患子科龙眼属常绿乔木，高可达 10 余米，小枝粗壮。叶为复叶，叶连柄长 15～30 厘米，小叶 4～5 对，长圆状椭圆形至长圆状披针形，两侧常不对称。花序大，多分枝，花梗短，花瓣乳白色，披针形，与萼片近等长。果近球形，通常黄褐色或灰黄色，外面稍粗糙或少有微凸的小瘤体。种子茶褐色，光亮，全部被肉质的假种皮包裹，平时人们食用的部分就是假种皮。

（二）► 起源及演变历程

龙眼最早起源于我国，已有 2000 多年的栽培史。"龙眼自尉佗献汉高帝，始有名。"汉武帝平定南越后，龙眼和荔枝成为交州贡物。东汉时期班固《汉书》上也记载有朝廷给来朝的使者赠送桂圆、荔枝的史实。北魏贾思勰《齐民要术》中记载："龙眼一名益智，一名比目。"因其成熟于桂树飘香时节，俗称桂圆，古时列为重要贡品。魏文帝曾诏群臣："南方果之珍异者，有龙眼、荔枝，令岁贡焉。"

（三）► 现状及对人类的影响

1. 药用

龙眼原产于我国南部地区，目前，福建省、台湾省、海南省、广东省、广西壮族自治区、云南省、贵州省、四川省等地有分布，主产于福建省、台湾省、广西壮族自治区，亚洲南部和东南部也常有栽培。龙眼生长力强，适于山地栽培。

2.对人类的影响

（1）食用价值

龙眼果实营养丰富，是名贵的高级滋补品。龙眼药用始载于东汉时期《神农本草经》，其性温，味甘，具有补益心脾、养血安神的功能。

（2）经济价值

龙眼经济用途以作果品为主。种子含淀粉，经适当处理后可酿酒。木材坚实，甚重，暗红褐色，耐水湿，是造船、家具、细工等的优良用材。

（3）文化价值

龙眼因味道甘美，赞美的诗词自古就很多，如宋苏轼《廉州龙眼质味殊绝可敌荔支》"龙眼与荔支，异出同父祖。端如甘与橘，未易相可否。"刘子翚食之，写诗《龙眼》赞美之："幽株旁挺绿婆娑，啄哑虽微奈美何。香剖蜜脾知韵胜，价轻鱼目为生多。左思赋咏名初出，玉局揄扬论岂颇。地极海南秋更暑，登盘犹足洗沈疴。"

（四） 相关故事

相传在很久从前，有一条恶龙来到东江到处残害百姓，搞得人心惶惶，民不聊生。正当百姓们束手无策、无力反抗之时，天上下来了几位神仙，要抓恶龙上天庭问罪。恶龙哪肯认输，就跟神仙搏斗起来。雷神气愤极了，一个轰天雷就把恶龙的一只眼睛打了出来，掉到东江附近的一口井里。

没了眼睛的恶龙终于被擒了，百姓们又回归到往日安宁、幸福的生活。过了一段时间，那口井里居然长出了一棵树，树上还结有一颗颗黄壳的果实。人们尝了都感到甜爽可口，就把这些果实的种子种在了东江两岸的山边。没过几年，就长成了一片茂盛的果园。后人就把这些果实称作"龙眼"，把那口井称作"龙眼井"。①

---

① 每日学堂.民间故事：龙眼的传说［EB/OL］.（2020-07-16）［2021-11-10］.https://baijiahao.baidu.com/s?id=1672368511882054137&wfr=spider&for=pc.

（五）▶ 相关图片

三十二、荔　枝

（一）▶ 简介

　　荔枝，无患子科荔枝属常绿乔木，高一般可达 10 米。小枝圆柱状，褐红色，密生白色皮孔。叶片为偶数或奇数羽状复叶，小叶 2 ~ 3 对，少数也有 4 对的，对生或互生，叶形为椭圆形、披针形或卵圆形，长 5 ~ 16 厘米，宽 2 ~ 5 厘米，先端渐尖或急尖，全缘，革质，具光泽，小叶柄短。果皮有鳞斑状突起，成熟时至鲜红色。种子全部被肉质假种皮包裹，假种皮也就是我们吃的果肉部分。

　　与一般的果树不同的是，荔枝的花有雌花、雄花、两性花和变态花四种类型。

　　雌花，即生产中说的"仔花"。花托发达，花萼成小杯状，花瓣一般均退化，花丝较短，只有雄花花丝长度的一半，花粉囊虽大，也有花粉，但有的花粉囊不能散发花粉，发芽率极低，雌蕊发达。

　　雄花，即生产中说的"公花"。花托发达，花萼成小杯状，花瓣退化。雄蕊发达，花丝较长。花朵成熟时，花粉囊纵裂散出黄色的花粉。雌蕊短缩退化。

　　两性花，少数植株有两性花，是雌、雄蕊均发达的完全花。

　　变态花，也称畸形花。这种花一般授粉、受精不良，生产上意义不大。

（二）▶ 起源及演变历程

　　荔枝产于我国南部，是栽培历史悠久的著名果树。近年来，在海南省和云南省人迹罕至的热带森林中先后找到了野生荔枝，为原产地在我国南部提供了直接的证据。

　　荔枝在我国的栽培和使用历史可以追溯到 2000 多年前的汉代。最早关于荔枝的文献是西汉司马相如的《上林赋》，文中写作"离支"，即"割去枝丫"之意。原来，古人已认识到这种水果不能离开枝叶，如连枝割下，保鲜期会加长。

对此，明代李时珍也认可。他在《本草纲目》中提道："按白居易云：若离本枝，一日色变，三日味变。则离支之名，又或取此义也。"大约从东汉时期开始，逐渐将"离支"写成"荔枝"。

17世纪末荔枝从我国传入缅甸；100年后又传入印度；在1870年左右传入马达加斯加、毛里求斯；1873年由我国商人传入夏威夷；1870—1880年又从印度传入美国佛罗里达州，并于1897年传入加利福尼亚州；1930—1940年传入以色列；1954年由中国移民带入澳大利亚。

（三）　现状及对人类的影响

1.现状

当今世界荔枝主产国为中国、印度、南非、澳大利亚、毛里求斯、马达加斯加及泰国。亚洲东南部也有栽培。非洲、美洲和大洋洲都有引种的记录。在我国，荔枝分布于西南部、南部和东南部，广东省和福建省南部栽培最盛。荔枝与香蕉、菠萝、龙眼一同被称"南国四大果品"。

2.对人类的影响

（1）食用价值

荔枝营养丰富，含葡萄糖、蔗糖、蛋白质、脂肪以及维生素A原、B族维生素、维生素C等，并含叶酸、精氨酸、色氨酸等各种营养素，对人体健康十分有益。具有健脾生津、理气止痛之功效，适用于身体虚弱、病后津液不足、胃寒疼痛、疝气疼痛等症。现代研究发现，荔枝有营养脑细胞的作用，可改善失眠、健忘、多梦等症，并能促进皮肤新陈代谢，延缓衰老。

（2）经济价值

荔枝果实除鲜食，还加工成罐头等多种食品。木材坚实，深红褐色，纹理雅致、耐腐，历来为上等名材，主要作造船、梁、柱、上等家具用。

（3）文化价值

北魏时期杰出农学家贾思勰所著的《齐民要术》中记载："《广志》曰：'荔支，树高五六丈，如桂树，绿叶蓬蓬，冬夏郁茂。青华朱实，实大如鸡子，核黄黑，似熟莲子，实白如肪，甘而多汁，似安石榴，有甜醉者。'"白居易有诗云："朵如葡萄，核如枇杷，壳如红缯，膜如紫绡，瓤肉莹白如冰雪，浆液甘酸如醴酪。"

（四）▶ 相关故事

　　杨贵妃喜欢吃荔枝，到了荔枝成熟的季节，要求每天都能吃到新鲜荔枝。荔枝产于南方，多在我国两广、福建、四川、台湾等地，离唐朝的都城长安城（今陕西省的西安）最近的也有千里之遥，且鲜荔枝难以保存，"一离本枝，一日而变色，二日而变香，三日而变味，四五日外色香味尽去矣。"于是，唐玄宗便命人用快马日夜不停从四川运送，常常味道不变就已达京师。晚唐诗人杜牧的《过华清池》中有名句专门写此事："一骑红尘妃子笑，无人知是荔枝来。"至今荔枝中仍有一个品种叫作"妃子笑"，想来是由此而得名的吧。①

（五）▶ 相关图片

---

　　① 佚名. 杨贵妃吃的荔枝产自哪里［EB/OL］.（2018-06-25）［2021-10-10］. http://www.360doc.com/content/18/0625/21/9133414_765365293.shtml.

三十三、菠　萝

（一）▶ 简介

　　菠萝，凤梨科凤梨属植物。叶多数莲座式排列，剑形，长 40 ~ 90 厘米，宽 4 ~ 7 厘米，先端渐尖，全缘或有锐齿。花序从叶丛中抽出，状如松球，长 6 ~ 8 厘米；苞片基部绿色，上半部淡红色，三角状卵形；萼片宽卵形，肉质，顶端红色，长约 1 厘米；花被长椭圆形，长约 2 厘米，上部紫红色，下部白色。花一般不结实，宿存的花被裂片围成一空腔，腔内有萎缩的雄蕊和花柱。我们喜欢的酸甜可口的可食部分主要由肉质增大的花序轴、螺旋状排列于外周的花组成的。

　　菠萝是凤梨的俗称，我国大部分地区称其为菠萝，福建省和台湾省称之为旺梨、凤梨或旺来；新加坡和马来西亚一带称之为黄梨。菠萝是著名热带水果之一，现有 70 多个品种。通常菠萝的栽培品种分 4 类，即卡因类、皇后类、西班牙类和杂交种类。

（二）▶ 起源及演变历程

　　菠萝是"世界四大热带水果"之一，与香蕉、椰子、芒果并列，排名第二。菠萝原产于南美洲巴西、巴拉圭的亚马孙河流域一带。大概在 1600 年以前传至中美洲和南美洲北部栽培。由于菠萝的芽苗较耐贮运，因而在短期内即迅速传入世界各热带和亚热带地区。现 16 世纪末至 17 世纪之间，传入中国南部各地区。

（三）▶ 现状及对人类的影响

1. 现状

　　菠萝目前在世界已普遍栽培，主要分布于中国、泰国、美国、巴西、墨西哥、菲律宾和马来西亚等国。

自明清之际传入后我国后，很受欢迎，目前我国已是菠萝的主要生产国、消费国之一。我国菠萝栽培主要集中在台湾省、广东省、广西壮族自治区、福建省、海南省等，云南省、贵州省南部也有栽培，已有400多年的历史。

2. 对人类的影响

菠萝肉色金黄，香味浓郁，甜酸适口，清脆多汁；性平、微寒，味甘、微酸、微涩，具有清暑解渴、消食止泻、补脾胃、固元气、益气血、消食、祛湿、养颜瘦身等功效，为夏令医食兼优的时令佳果。除可鲜食，菠萝果实多用以制罐头。菠萝罐头广受欢迎，被誉为"国际性果品罐头"。菠萝还可制成多种加工制品。

（四）相关故事

关于菠萝名字的由来说法有很多。相传因为菠萝的果皮上带有的六边形，和佛教中佛祖等头部的螺髻十分相似，所以常常被视作和佛教相关的一种植物，而"波罗密多"就是一种佛教用语，人们便用此命名了菠萝，后来名字被简化成为菠萝。

还有人认为菠萝是和马可·波罗紧密联系在一起的。因为菠萝是被西方人传入中国的，而马可·波罗在中西文化的交流中发挥了很重要的作用，所以称之为菠萝，寓意由外国人如马可·波罗等传入。

（五）相关图片

三十四、甘 蔗

(一) ▶ 简介

甘蔗，禾本科甘蔗属多年生草本植物。秆高 3～5 米，直径 2～5 厘米，具 20～40 节，下部节间较短且粗大，外被白粉，节结处有叶鞘。叶片长，可达 1 米，宽 4～6 厘米，中脉粗壮、白色，明显。甘蔗为顶生圆锥花序，长可达 50 厘米左右，花序分枝多而密，盛花期花序颜色有灰白色、淡紫色和紫色。甘蔗栽培种一般开花较难，野生种比较容易开花。栽培种的开花难易程度也因品种而不同。

甘蔗的食用部位为茎。如果将甘蔗茎分为三部分，无疑是下部最甜，中段较甜，上段甜度小。

(二) ▶ 起源及演变历程

甘蔗原产地可能是新几内亚岛或印度，后来传播到马来群岛。大约在周朝周宣王时传入中国南方。先秦时代的"柘"就是甘蔗，到了汉代才出现"蔗"字，"柘"和"蔗"的读音可能来自梵文"sakara"。10—13 世纪，我国江南各地已普遍种植甘蔗；中南半岛和东南亚各地如真腊、占城、三佛齐、苏吉丹也广种甘蔗制糖。

亚历山大大帝东征印度时，部下一名将领曾说印度出产一种不需蜜蜂就能产生蜜糖的草。6 世纪，伊朗萨珊王朝国王库思老一世将甘蔗引入伊朗种植。8—10 世纪，甘蔗的种植遍及伊拉克、埃及、西西里、伊比利亚半岛等地。后来，葡萄牙和西班牙又把甘蔗带到了美洲。

20 世纪 80 年代中期以后，我国的蔗糖产区迅速向云贵高原西部地区转移，至 1999 年广西壮族自治区和云南省的蔗糖产量已占全国总量的 70.6%。随着生产技术的发展，在我国的中原地区也有分散性大棚种植。

自 1953 年在海南岛建立甘蔗杂交育种场以来，我国各地甘蔗科学研究单位相继开展了甘蔗新品种的选育和研究。迄今已育成 100 多个甘蔗品种供生产使用，推动了我国蔗糖事业的发展。

（三）▶ 现状及对人类的影响

1. 现状

甘蔗主要分布在北纬 33° 至南纬 30° 之间。目前，甘蔗种植面积最大的国家是巴西，其次为印度，再次为中国。我国的主产蔗区有广东省、台湾省、广西壮族自治区、福建省、四川省、云南省、贵州省、江西省、湖南省、湖北省、浙江省和海南省。

2. 对人类的影响

（1）食用价值

现代研究表明，甘蔗中含有丰富的糖分和水分，此外还含有对人体新陈代谢非常有益的各种维生素、脂肪、蛋白质、有机酸、钙、铁等物质。甘蔗不但能给食物增添甜味，而且还可以提供人体所需的营养和热量。

（2）经济价值

甘蔗还可制成蔗糖酯、果葡糖浆等。蔗渣、废蜜和滤泥等可制成纸张、纤维板、碎粒板、糠醛、饲料、食用品培养基、乙醇、干冰、酵母、柠檬酸、赖氨酸、冰醋酸、味精、甘油、水泥、肥料等。发展甘蔗生产对提高人民的生活、促进农业和相关产业的发展，乃至对整个国民经济的发展都具有重要的作用。

（四）▶ 相关故事

相传，秦始皇统一天下时，带领千军万马浩浩荡荡地征战桂林郡（今广西、广东一带）。南方的天气和北方大有不同，天气非常炎热，地面都晒得发烫，树叶都给晒干了。士兵们个个汗流浃背，因为缺水嘴巴里都干得冒火，走起路来大喘气，甚至瘫在地上，动弹不得。有的士兵热得受不了，便一边走一边到山上捡野果子、野菜吃，也不管有没有毒，不少士兵被毒死了。秦始皇带兵马来到五通，看到路边长着很多像竹子一样的植物，叶子像剑一样。开路先锋挥起宝剑将其一丛一丛砍倒后，这些像竹子一样的植物竟然流出水来。士兵们怕有毒，都不敢吃。有一个麻子兵看到后，觉得自己要是干死渴死，还不如痛痛快快地吃一顿，吃饱喝足，见了阎王爷也值得。他不管三七二十一，拿起一根就嚼起来，吃到嘴里发现汁水甜得像蜜糖一样，于是吃了一根又吃一根，吐出一团团像棉花一样的碎渣。吃完，他觉得浑身充满了力气，便高兴地喊了起来："我吃了比甘露还要好吃的东西！"旁边的士兵见状也纷纷捡起吃了起来。他们又写了个牌子插在大路边，告诉后面的兵马，路边砍倒的像竹子一样的植物可以吃。后来，士兵们又根据这种东西比甘露还甜，砍倒时又发出"渣渣"的声音，就把它叫作"甘渣"。再后来，"甘渣"就慢慢变成了"甘蔗"。秦始皇征服了桂林郡后，就让当地百姓在义江两岸种起甘蔗，还命人每年都把甘蔗进贡。①

（五）　相关图片

———————————
　　① 佚名. 家乡的野菜［EB/OL］.（2019-01-23）［2021-10-10］. https://www.wujinjixie.net/api/mobile.php?action=device&uri=https%3A%2F%2Fwww.wujinjixie.net%2Fask%2F00b68f14fa605b6576356a213b65b5d9.html.

三十五、香　蕉

（一）▶ 简介

香蕉，芭蕉科芭蕉属植物。植株丛生，具匍匐茎，高 2 ~ 5 米。叶片很像神话故事里的芭蕉扇，长圆形，长 1.5 ~ 2.5 米，宽 60 ~ 70 厘米，叶面深绿色；叶柄短粗，长通常在 30 厘米以下，叶翼显著，边缘褐红色或鲜红色。穗状花序下垂，苞片外面紫红色，被白粉，内面深红色，但基部略淡，具光泽，每苞片内有花 2 列，花乳白色或略带浅紫色。一般的果丛有果 8 ~ 10 段，有果 150 ~ 200 个，果就是人们吃的香蕉。

香蕉的"茎秆"并不是实际意义上的茎，而是由叶鞘紧抱覆瓦状重叠而成的，形似树木茎的器官，称为假茎，俗称蕉身或蕉秆。

（二）▶ 起源及演变历程

香蕉是世界上古老的栽培果树之一，远在 4000 ~ 3000 年前已被发现，且在 4000 多年前已有文字记载。香蕉起源于亚洲南部，原产地是东南亚，包括中国南部，其中心可能是马来半岛及印度尼西亚诸岛。目前在马来西亚还可找到香蕉的野生祖先。小果野蕉和野蕉在我国南方也有分布。这两种野生植物同样会结出蕉，只是里面有着大而硬的种子，味道也很差，而今天被人类广泛栽培的食用香蕉，是三倍体植物。三倍体植物都是无种子的，如无籽西瓜。

我国是香蕉原产国之一，也是世界上栽培香蕉历史悠久的国家之一，有 2000 年以上的栽培历史。早在战国时期的《庄子》和屈原的《九歌》中已有香蕉用于纺织的记述。据记载，汉武帝元鼎六年（公元前 111 年）破南越建扶荔宫，以植所得奇花异木，有甘蕉二本（一作十二本，本即株、棵，甘蕉即香蕉），可知在那时广东已有香蕉栽培。西晋晋嵇含著《南方草本状》中载芭蕉有 3 种，最好是羊角蕉，果最小，次为牛乳蕉，最大最劣为正方形蕉。由此可见，当时已对香蕉品种有所划分。

（三）▶ 现状及对人类的影响

1. 现状

目前，香蕉分布在南北纬度 30° 以内的热带、亚热带地区。世界上栽培香蕉的国家有 130 多个，以中美洲产量最多，其次是亚洲。我国是世界上栽培香蕉较早的国家之一，世界上主栽的香蕉品种大多是从我国传出的。我国香蕉主要分布在广东省、广西壮族自治区、福建省、台湾省、云南省和海南省，贵州省、四川省、重庆市也有少量栽培。

2. 对人类的影响

（1）食用价值

香蕉属高热量水果，在一些热带地区还被作为主要粮食。香蕉果肉营养价值颇高，每 100 克果肉含糖 20 克、蛋白质 1.2 克、脂肪 0.6 克，此外还含多种微量元素和维生素。

（2）经济价值

香蕉是热带、亚热带重要的水果之一。世界香蕉的产量一直呈直线上升趋势，在世界主要水果总产量中保持着第二位或第三位。

（3）文化价值

中国汉代就栽培香蕉，那时称为"甘蕉"。据记载，汉武帝建扶荔宫，收集天下奇花异木时，其中就有香蕉。晋人嵇含记述香蕉说："剥其子上皮，色黄白，味似葡萄，甜而脆，亦疗肌。"宋代陆佃所著《埤雅》云："蕉不落叶，一叶舒则一叶蕉，故谓之蕉。"

（四）▶ 相关故事

公元前 3 世纪，亚历山大远征印度时发现当地有香蕉。另据埃及考古学家在出土文物中发现，远在 4000 年前的古埃及陶器上就画有香蕉的图案。古希腊人在 4000 多年前就开始食用香蕉。

　　传说，佛祖释迦牟尼在溪谷的绿荫下诵经时，感到肚饿难忍，便采食香蕉以充饥。待吃香蕉之后，顿觉心明眼亮，神清气爽，智慧倍增。时至今日，佛门弟子仍称香蕉为"智慧之果"。①

（五）　相关图片

① 狐说狐语. 传说中神的智慧之果［EB/OL］.（2020-09-01）［2021-10-10］. https://baijiahao.baidu.com/s?id=1676546887091022817&wfr=spider&for=pc.

主要参考文献

［1］易翠平. 吃对果蔬排好毒［M］. 北京：中国医药科技出版社，2013.

［2］许鸿琴. 千古食趣：说说吃的那些事儿［M］. 南京：中国华侨出版社，2013.

［3］马执斌. 西瓜何时传入中国［M］. 北京：中国地图出版社，2009.

［4］魏照信，陈荣贤. 农作物制种技术［M］. 兰州：甘肃科学技术出版社，2008.

［5］华景清，蔡健. 西瓜的营养与药用价值［J］. 食品与药品，2005（6A），67–69.

［6］林锦仪，李勇. 药用植物栽培技术［M］. 北京：中国林业出版社，1999.

［7］陈慧，Ghosh. 荔枝栽培历史及出口现状［J］. 世界热带农业信息，2002（10）：15.

［8］陈阳. 山坡地栽培菠萝技术小结［J］. 果农之友，2010（9）：29.

第四章

干　果

三十六、核　桃

（一）▶ 简介

核桃，胡桃科胡桃属植物，又称胡桃、羌桃。乔木，株高 20～25 米，树皮老时灰白色，浅纵裂。叶为羽状复叶，长 25～30 厘米，小叶片椭圆状卵形或长椭圆形，长 6～15 厘米。花单性，雌雄同株；雄花序常为柔荑花序，下垂，单生或数条成束生，长 5～10 厘米，有时可达 15 厘米；雌花序穗状或稀柔荑状。

核桃的果实并不属于核果。从植物学角度严格意义来讲，核桃果实应该称为假核果或坚果状。核桃果实的外果皮由苞片、小苞片形成的总苞和花瓣共同发育而成，未成熟时肉质、不开裂，完全成熟后通常不规则开裂。内果皮，即平时看到的核桃壳，坚硬、骨质，不能自行开裂。种子大型，有一层膜质种皮，子叶肥大、肉质，通常二裂，即核桃仁。

核桃与杏仁、腰果、榛子并称为世界著名的"四大干果"，是深受人们喜爱的坚果类食品之一。

（二）▶ 起源及演变历程

历史上围绕核桃的原产地问题就存在国外原产、中国原产及中外同产的说法，而中国原产说又可再分为西藏原产、新疆原产及其他地区原产之说。目前，比较偏向于核桃中国原产中的新疆原产说。最晚于 2—3 世纪，首先从我国新疆维吾尔自治区扩散到甘肃省、陕西省等地，然后又通过两条线路，即向东传至今河北省、山东省一带，向西南方传至今四川省、云南省一带。到南北朝时期，核桃得到进一步传播，开始从皇室宫苑推广至民间栽培。之后至北宋时期，开始向长江中下游地区传播，后又继续传播至东南沿海地区。至明清时期，核桃已推广至全国各地。

（三） 现状及对人类的影响

1. 现状

我国核桃分布于华北、西北、西南、华中、华南、华东，以及新疆维吾尔自治区南部和西部。世界上分布于中亚、西亚、南亚和欧洲。生于海拔 400～1800 米的山坡及丘陵地带。我国平原及丘陵地区常见栽培。

2. 对人类的影响

（1）食用价值

核桃营养价值丰富，有"万岁子""长寿果""养生之宝"的美誉。核桃中 86% 的脂肪是不饱和脂肪酸。核桃中还含有铜、镁、钾、维生素 B_6、叶酸和维生素 B_1，也含有纤维素、磷、烟酸、铁、维生素 B_2 和泛酸等。每 50 克核桃中，水分占 3.6%，含蛋白质 7.2 克、脂肪 31 克和糖 9.2 克。

（2）药用价值

核桃味甘、性温，入肾、肺、大肠三经。可补肾、温肺定喘、润肠通便。

（3）文化价值

核桃位列世界著名四大干果之首，在长期的农业生产中所形成的核桃文化是我国传统文化的重要组成部分，如核桃的饮食文化、药用文化、把玩文化、文学艺术和民俗文化。文玩核桃起源于汉隋，流行于唐宋，盛行于明清。清乾隆皇帝就是个鉴赏核桃的大师。据传还写诗曰："掌上旋日月，时光欲倒流。周身气血涌，何年是白头"？文玩核桃在清末更盛行，当时的民谣唱道："核桃不离手，能活八十九，超过乾隆爷，阎王叫不走！"进入 21 世纪，收藏文玩核桃的风气又逐渐兴盛起来。

（四） 相关故事

传说，核桃和蟠桃一样，是西王母的圣果，被称长寿果，凡人根本无缘触及。后来，西王母追随玉皇大帝来到卢氏（今河南省三门峡市下辖县），随身把核桃和蟠桃也带了过来。

有一年，卢氏发生了瘟疫，神医扁鹊带着弟子到玉皇山采药，灵芝、天麻、枣皮、金银花都采到了，独独少了最主要的一味药——核桃。到哪儿找核桃呢？弟子子阳建议：进瓮潭沟，向住在瓮城瀑布上面瑶池旁边的西王母讨要。扁鹊来到瓮潭沟口。只见瓮潭沟口小肚子大，生得很像是个瓮。扁鹊进到沟里一看，两边山坡上尽是中草药：杜仲、辛夷、山茱萸、连翘、娑罗、八月了，就连溪水里游来荡去的大鲵和甲鱼等，用于救死扶伤也都是上好的补品。扁鹊走到瀑布跟前，只见几十米高的瀑布像长空白练，从半空中咆哮而下，在高耸的崖壁间发出嗡嗡的回声。扁鹊正在为瓮城瀑布的壮丽景观惊叹不已，这时西王母的丫鬟杜鹃送来了核桃种子，并且告诉他，这一个核桃救不了多少人，不如把它种在沟口，经王母娘娘点化，马上就能长成大树，结许多核桃。扁鹊走到沟口，按杜鹃的说法把核桃埋进土里，眨眼间，面前便长起一棵大树，并且结了无数的核桃。扁鹊就用这棵树上的核桃作药引子，救治了无数的人，最终扑灭了瘟疫。

后来，卢氏全县百姓的房前屋后、沟旁渠边到处都种了核桃树，让它一年又一年、一代又一代地向人们奉献着阴凉和佳果。[①]

（五） 相关图片

① 原知胃.《民间传说》扁鹊寻药解瘟疫！［EB/OL］.（2017-05-17）［2021-9-10］. https://www.sohu.com/a/141170930_694865.

三十七、大　枣

（一）简介

大枣，鼠李科枣属植物，又名红枣、干枣、枣子。落叶灌木或小乔木，高可达 10 米。枝平滑无毛，具成对的针刺，直伸或钩曲，幼枝纤弱而簇生，颇似羽状复叶，成"之"字形曲折。单叶互生，卵圆形至卵状披针形，少有卵形，长 2 ~ 6 厘米，先端短尖而钝，基部歪斜，边缘具细锯齿，3 主脉自基部发出，侧脉明显。花两性，花形小，成短聚伞花序，丛生于叶腋，黄绿色。核果卵形至长圆形，长 1.5 ~ 5 厘米，熟时深红色，果肉味甜，核两端锐尖。花期 4 ~ 5 月，果期 7 ~ 9 月。

世界各国栽培的枣均引自我国。世界上称谓"海枣"又称"伊拉克枣"的植物属棕榈科，而我国的枣属于鼠李科，果形虽相似，但其实是同名异物。

（二）起源及演变历程

许多证据表明，枣的野生种是酸枣，枣是由酸枣演化而来。在山东省潍坊市临朐县山旺村曾发现了中新世（距今 1400 万 ~ 1200 万年前）化石有中山旺枣叶，考古学家认为，这种叶化石与现代酸枣很相似。据此可以证明我国在 1200 万年前就有酸枣。

（三）现状及对人类的影响

1. 现状

枣现已传播到世界上五大洲的 20 多个国家和地区，但迄今为止，除韩国已形成规模的商品栽培，其他国家仅限于庭院栽培或作为种质保存。我国是枣原产

123

国，也是世界上枣的最大生产国和枣产品唯一出口国。

2.对人类的影响

（1）食用价值

大枣含蛋白质、脂肪、糖类、胡萝卜素、B族维生素、维生素C、维生素P以及钙、磷、铁和环磷酸腺苷等营养成分，其中维生素C的含量在果品中名列前茅，具有"天然维生素丸"的美誉。

（2）药用价值

大枣所含有的环磷酸腺苷，是人体细胞能量代谢的必需成分，能够增强肌力、消除疲劳、扩张血管、增加心肌收缩力、改善心肌营养，对防治心血管系统疾病有良好的作用。大枣含有三萜类化合物及环磷酸腺苷，有较强的抗癌、抗过敏作用。

（3）文化价值

明代李时珍说红枣："熟则可食，生则可补，丰俭可以济时，疾苦可以备药"。枣在中国民俗文化中具有深刻的内涵，枣文化源远流长，它与中国古代礼义道德有密切联系。枣在隋唐之前就已成为文人墨客歌咏赞美的对象。最早可追溯到我国第一部诗歌总集《诗经》中便有"八月剥枣，十月获稻"之句。西晋文学家傅玄作《枣赋》赞美道："既乃繁枝四合，丰茂翁郁，斐斐素华，离离朱实。脆若离雪，甘如含蜜。"东晋文人赵整《咏枣诗》："北园有枣树，布叶垂重阴。外虽多棘刺，内实怀赤心。"南朝梁简文帝萧纲作《赋咏枣诗》："白英纷靡靡，紫实标离离。风摇羊角树，日映鸡心枝。"

（四） ▶ 相关故事

传说枣本为天界仙果，凡间并无此物。王母娘娘指派金童和玉女持两颗仙枣到凡间犒赏治水有功的大禹。金童和玉女两人经不住仙枣诱惑，在半道上把它们给偷吃了。王母娘娘盛怒之下便把金童和玉女变成了两颗枣核并打下了凡间，金童变成了长枣，玉女变成了团枣，从此世上便有了枣。这时的枣虽香甜可口，却只能由青变白，颜色不喜人。一次王母娘娘想到凡间体察民情，当巡至黄河边时便闻到一股沁人心脾的香味，一行人循味来到一片枣林，原来香味来自树上所结的白枣。王母娘娘看到枝头挂着的大枣，禁不住伸手去摘，结果一不小心被树上的枝刺刺破了手指，随即鲜红的血滴便滴到了枣儿上，白枣也便变成了红枣。因王母娘娘的血为仙精所在，红枣便有了治病、保健和驻颜长寿的功能。[①]

（五） 相关图片

---

① 　佚名. 关于红枣的传说［EB/OL］.（2019-01-25）［2021-9-10］. https://wenku.baidu. com/view/dcb87487f71fb7360b4c2e3f5727a5e9856a27a0.html.

三十八、向日葵

(一) 简介

向日葵，菊科向日葵属一年生草本植物。为一年生草本，茎高可达 3 米。叶互生，心状卵圆形或卵圆形。

日常看到的向日葵的花，其实是大的头状花序，花盘直径 10 ~ 30 厘米，花序边缘有黄色的经常被称为"花瓣"的单性的舌状花，当然这些花是不会结果实的。花序中部（即中间的花盘）为几百到几千朵两性的管状花，每一朵两性管状花本身都有雌蕊和雄蕊。

葵花籽实为向日葵的果实，是一种十分受欢迎的休闲零食和食用油源。

(二) 起源及演变历程

向日葵原产北美西南部，本是野生种，后经栽培观赏，迅速遍及世界各地，到 16 世纪才由美洲传播到欧洲，在明代中期才传到我国的华南、华东。明代王象晋《群芳谱》中将向日葵称为"丈菊"，还有"本番菊""迎阳花"等别名。明代文人文震亨的《长物志》中首次使用了"向日葵"这个名称。到清代中晚期，向日葵才开始在我国被广泛种植，用来观赏和食用。清代谢堃的《花木小志》中记载"此花园林、寺观、郊野、陂塘在在有之。子亦可食……"。

(三) 现状及对人类的影响

1. 现状

向日葵分布范围很广，世界各地均有。油用向日葵主要分布于俄罗斯、土耳其、阿根廷等国家，乌克兰葵花籽全世界销量第一。近 20 年来，葵花籽生产发展很快，世界葵花籽产量已成为仅次于大豆的重要油料。我国栽培也较广，食用向日葵主要分布于内蒙古自治区、新疆维吾尔自治区、甘肃省等北方地区。

2.对人类的影响

（1）食用价值

葵花籽中脂肪含量可达 50% 左右，其中主要为不饱和脂肪，亚油酸含量可达 70%。葵花籽中还含丰富的铁、锌、钾，镁等微量元素，也是维生素 B_1 和维生素 E 的良好来源。葵花籽还可以榨油。

（2）文化价值

向日葵也是古今文人歌颂的对象。如唐代诗人唐彦谦的《秋葵》"月瓣团栾剪赭罗，长条排蕊缀鸣珂。倾阳一点丹心在，承得中天雨露多。"宋代司马光《客中初夏》的"四月清和雨乍晴，南山当户转分明。更无柳絮因风起，惟有葵花向日倾"。

（四）相关故事

相传古代有一位农夫的女儿名叫明姑。她憨厚老实，长相俊俏，却被后娘"女霸王"视为眼中钉，受到百般凌辱虐待。一次，明姑因一件小事惹怒了后娘。后娘用皮鞭抽打她，可一下失手打到了前来劝解的亲生女儿身上。这使得后娘又气又恨，夜里趁明姑熟睡之际挖掉了她的眼睛。明姑疼痛难忍，破门而逃，不久后便去世了。死后在她坟上开着一朵鲜丽的黄花，终日面向阳光，这花就是向日葵，表示明姑向往光明、厌恶黑暗之意。①

（五）相关图片

①　佚名．向日葵的一生，都勇敢的面朝太阳［EB/OL］.（2019-09-24）［2021-9-10］. https://www.sohu.com/a/343153868_265270.

三十九、澳洲坚果

（一）简介

澳洲坚果，山龙眼科澳洲坚果属乔木，又名昆士兰坚果、澳洲胡桃、泡波儿坚果、夏威夷果。株高15米，叶3枚轮生或近对生，长圆形或倒披针形。总状花序腋生或近顶生，长8~15厘米，花序梗、序轴和花梗均疏被短柔毛，花淡黄或白色，花盘环状。果球形，果皮开裂，顶端具短尖。澳洲坚果素有"干果皇后"之称，是目前世界上的一种新兴果品。

（二）起源及演变历程

澳洲坚果原产于澳大利亚的东南部热带雨林中。它的起源可以追溯到19世纪中叶以前。当时，澳大利亚土著居民经常食用这种植物的果仁。1857年，植物学家冯·穆勒和W.希尔在昆士兰州莫里顿湾发现并采集了这一树种，建立了山龙眼科一新属——澳洲坚果属。随后，植物学家W.希尔在各地建立了许多小型的澳洲坚果园。

19世纪80—90年代，美国的园艺学家及船员从澳大利亚带回了一些澳洲坚果种子在夏威夷播种。直到第二次世界大战以前，由于没有商业性品种用作推广，生产上均采用实生树苗，产量、品质均不稳定，大规模的商品性生产一直未能成功。1984年，由园艺学家W.B.斯托雷选育出的5个商业性品种通过鉴定，随后，更多的优良品种不断推出，大大推动了商业性坚果种植园的扩大发展。目前，夏威夷州的澳洲坚果业已发展为当地第三大产业，由数家实力雄厚的公司垄断发展，从种植、收购到加工形成了一个系统，推出的产品从带壳果到家庭用的坚果仁粉实现了系统化。

澳洲坚果在我国首次于1910年引入台北植物园作为标本。1931年又从美国夏威夷引入实生苗和种子在嘉义种植。经过多年实践生长结果正常。1940 年，岭南大学从美国夏威夷引入少数光壳种实生苗和种子种植，后成为华南各地的种苗来源，广东省、海南省、广西壮族自治区、福建省、四川省、云南省、浙江省等地引种的光壳种和粗壳种都已开花结果。

(三) 现状及对人类的影响

1. 现状

由于澳洲坚果营养丰富，香脆可口，消费日众，市场需求不断增加，大大刺激了世界澳洲坚果业的发展。20 世纪 80 年代以后，大规模种植发展澳洲坚果的国家有美国、澳大利亚、巴西、哥斯达黎加、危地马拉、南非、马拉维、肯尼亚等。

2. 对人类的影响

澳洲坚果可食部分即种仁，呈乳白色，香脆可口，经焙烤加盐后更为香酥，有奶油味，可作为西餐头道进食的开胃果品，但多数的焙烤种仁用来制作糖果、面包和冰激凌。

澳洲坚果含油很高，光壳种果仁含油量达 75% ~ 79%，因而其发热量也很高，尤其是多为不饱和脂肪酸，容易被人体吸收消化，有益健康，是理想的木本粮油。

(四) 相关故事

很久以前，欧洲探险者偶然发现了澳大利亚大陆，发现此处的原住民对当地热带雨林里一种含油量很高的坚果有着特殊的喜爱。这种坚果十分美味，但难以大量采集，当地人通常在部落宴会上才吃得到。他们还榨取果油，与赭石、黏土混合均匀后，涂抹于脸和身上，绘出具有象征意义的符号或图案。但在那时，欧洲探险者只顾着扩张土地，还不曾认真探究过这种坚果的价值。等忙完了领土扩张"正经"事儿，欧洲人终于开始要探索新大陆的植物了，他们在 1828 年发现了一种新植物，但直到 19 世纪 50 年代才正式赋予专业名称——粗壳澳洲坚果。[①]

---

① 佚名. 明明是个澳洲仁，为什么要叫"夏威夷果"？[EB/OL].（2018-11-22）[2021-9-10]. https://www.sohu.com/a/277123866_488235.

（五）▶ 相关图片

四十、花　生

(一) 简介

花生，豆科落花生属一年生草本植物。学名落花生，又名长生果、地豆、长果等。是我国产量丰富、食用广泛的一种坚果。

花生根部具根瘤，茎直立或匍匐，有棱，叶为羽状复叶，有小叶 2 对。花为蝶形花，花冠黄或金黄色。荚果长 2～5 厘米，果皮厚。

(二) 起源及演变历程

关于花生的原产地，有原产巴西、原产中国、原产埃及 3 种说法。据 Brukill 记载，在 16 世纪 10—20 年代，当时印第安人园圃中已大量种植花生。林奈的植物种志（1753）记载，花生产地为巴西、秘鲁。又据维里斯（J. C. Willis）在《有花植物与蕨类植物辞典》中记载，花生产于巴西及巴拉圭。可见，花生原产于南美洲巴西一说较为可信。

我国最早记载花生的文献为明弘治十六年（1503）的江苏《常熟县志》，随后有明弘治十七年（1504）的《上海县志》和明正德元年（1506）的《姑苏县志》。清初王凤九所著《汇书》才明确指出，"此神（花生）皆自闽中来"。清初 1655 年王沄所著《闽游记略》中说："落花生者，……今江南亦植之矣。"檀萃著《滇海虞衡志》（1799）中记载，落花生为"宋元间与棉花、番瓜、红薯之类，粤古从海上诸国得其种归种之，……高、雷、廉、琼多种之。"因此可以认为约在 16 世纪初叶或中叶，即明代弘治至嘉靖年间，由华侨将花生种子引进福建、广东，然后逐渐引至他省，成为我国的重要油料植物。

1. 现状

目前，我国花生年种植面积超过 13.3 万公顷的省份是河南省、山东省、河北省、广东省、安徽省、广西壮族自治区、四川省、江苏省、江西省、湖北省、湖南省、辽宁省，其中山东省、河南省的种植面积均在 80 万公顷以上。我国在世界花生生产中举足轻重。1993 年以来，我国花生总产一直稳定为世界第一位，就总产而言我国是世界最大的花生生产国。

2. 对人类的影响

（1）食用价值

花生中含有 25% ~ 35% 的蛋白质。花生中的蛋白质与动物性蛋白质营养差异不大，而且不含胆固醇，营养价值在植物性蛋白质中仅次于大豆蛋白。花生果实还含脂肪、糖类、维生素 B_6、维生素 E、维生素 K，以及卵磷脂、胆碱、胡萝卜素、粗纤维，矿物质钙、磷、铁等营养成分，含有 8 种人体所需的氨基酸及不饱和脂肪酸。花生含有一般杂粮少有的胆碱和卵磷脂，可促进人体的新陈代谢、增强记忆。

（2）药用价值

花生有抗老化、凝血止血、滋血通乳、促进发育、增强记忆等功效。

（3）经济价值

花生含有丰富的油脂。花生油是现代人们食用的主要食用油之一。花生粕富含植物蛋白，口感较好，适合作为禽畜饲料。

（四）▶ 相关故事

相传很久以前，花生也跟扁豆一样悬吊在秧子上。有一个姓骆的孩子，每天都要到花生地里驱赶乌鸦。他非常勤奋好学，但是为了保护花生不受乌鸦的啄食，只好终日在花生地里来回奔忙，根本无法读书。他的认真精神感动了山神。山神就给了他一块宝石并让他埋在地里。他用手在地里挖了一个坑将宝石埋了下去，生长在秧子上的花生忽然都藏到了地下，再不受乌鸦的啄食了。可是，他的十个手指却因为挖坑都流出了鲜血，连花生仁的外皮都染成了红色。后来人们就将花生叫作"骆花生"，后逐渐改为了"落花生"。这姓骆的孩子长大后就是"初唐四杰"之一——骆宾王。[①]

（五） 相关图片

---

① 梁瑜. 骆宾王与落花生［J］. 民间文学（故事），2012（3）：60–61.

主要参考文献

［1］陈辉. 食品营养学［M］. 北京：化学工业出版社，2005.

［2］佟屏亚. 花生的起源与传播［J］. 新农业，1985（2）：22-23.

［3］李荣昌. 论澳洲坚果及其发展前景［J］. 广西热作科技，1990（2）：15-19.

［4］刘晓，陈健. 澳洲坚果的起源、栽培史及国内外发展现状［J］. 西南园艺，1999（2）：18-20.

［5］蒋静，何红中. 胡桃原产地及其在全国传播述考［J］. 农业考古，2019（6）：148-154.

第 五 章

中药材

四十一、人　参

（一）▶ 简介

人参，五加科人参属多年生草本植物，又称黄参、地精、神草，是闻名遐迩的"东北三宝"之一，有"百草之王"的美称。

人参株高约60厘米，叶为掌状复叶，3～6枚轮生茎顶，小叶片3～5枚，幼株的小叶数较少，常为3枚。伞形花序单生茎顶，具30～50花，花淡黄绿色。果呈扁球形，鲜红色，径6～7毫米。入药的是人参的根。

（二）▶ 起源及演变历程

人参是原产于我国的一种孑遗植物，起源于古生代第三纪。这种植物作为名贵的药材，在我国民间应用已有几千年历史。我国不但是世界上最早发现人参的国家，也是最早用文字记载和食用人参的国家。据《甲骨文合集》记载，在3500年前殷商时代的甲骨文中就有"参"字出现。据考证，太行山系和长白山系是人参的发源地。南北朝时期陶弘景著作的《名医别录》中记载，"人参生上党山谷及辽东"。《契丹国志》《大金国志》等史书记载，唐宋以后，人参成为东北少数民族向封建帝王进贡的珍品。

（三）▶ 现状及对人类的影响

1. 现状

人参喜阴凉、湿润的气候，多生长于昼夜温差小、海拔500～1100米的山地缓坡或斜坡地的针阔混交林或杂木林中。世界上种植栽培人参的国家主要有中国、韩国、朝鲜、日本及俄罗斯。我国栽培人参的产量最高，约占世界总产量的70%。

受生长环境等的影响，我国人参的种植以东三省为主。东北人参产量占全国总量的90%以上，其中吉林省依托长白山沿线适宜的种植环境，种植面积最大。

2.对人类的影响

（1）药用价值

据试验研究表明，人参中的人参皂苷具有抗衰老、抗抑郁、抗阿尔茨海默病、抗动脉粥样硬化、抗骨性关节炎、抗肿瘤等作用。

（2）文化价值

人参在我国被发现及应用的历史悠久。在古医书中有很多关于人参的记载。早在汉代《神农本草经》中写道："味甘微寒，主补五脏，安精神，定魂魄，止惊悸，除邪气，明目，开心益智。久服，轻身延年。"南北朝时期，医学家陶弘景在《本草经集注》中记载："人参微温，无毒，一名神草，一名土精，一名血参，如人形者有神。生上党及辽东。"也有许多关于人参的诗歌：唐段成式的《寄周繇求人参》"少赋令才犹强作，众医多识不能呼。九茎仙草真难得，五叶灵根许惠无。"宋代苏轼不仅喜食人参，更亲自栽培人参。他在《小圃五咏·人参》中写道："移根到罗浮，越水灌清澈。"

（四）▶ 相关故事

很久以前，山东有座云梦山，山上有座云梦寺，寺中有两个和尚。老和尚自己无心在山上念经礼佛，常下山吃喝玩乐，谈天论地，却对小和尚多加虐待，使得小徒弟面黄肌瘦。后来，每当老和尚下山，小和尚干活时总有一个戴红肚兜的幼童帮助；而老和尚回寺，幼童就不见了。日子久了，小和尚脸色变得红润，不论多少活儿都能干完。老和尚深感奇妙，就威逼盘问，方知是有一幼童协助。老和尚深疑是神草棒槌，便让小和尚将一根带红线的针别在幼童兜肚上。次日老和尚下山后，幼童又来了，小和尚怕师父打骂，就照办了。第三天清晨，老和尚将小和尚锁在屋内，自己带镐沿着红线找寻，后来在一棵红松树边找到了针。他高兴极了，使劲用镐刨，还真刨出了两个"参童"。老和尚将"参童"放在锅里，加盖压石，然后让小和尚生火烧煮。正巧，老和尚的朋友来邀老和尚下山去。临行，老和尚对小和尚万般叮嘱："我不回来，不能揭锅！"师父走后，锅内香气喷出，小和尚好奇，揭开了锅盖，原来锅内煮的是一个大棒槌，一尝，香甜异常。

小和尚不知不觉将棒槌吃光了，汤也喝尽了。老和尚回来见此情景，便气急败坏地追打小和尚。小和尚跑了两步就悠悠腾空飞去。老和尚后悔莫及，知道这是"参童"在小和尚身上发挥的作用。①

（五）▶ 相关图片

　　① 佚名. 大补元气之神药：人参［EB/OL］.（2020-11-21）［2021-9-10］. https://new.
qq.com/omn/20201121/20201121A0CEK200.html.

四十二、天　麻

(一) ▶ 简介

　　天麻，兰科天麻属植物，又名赤箭、离母、鬼督邮、神草、独摇芝、赤箭脂、定风草、合离草、独摇、自动草、水洋芋等。我国天麻已发现有6个品系，即天麻、原天麻、细天麻、南天麻、疣天麻，此外据文献记载台湾省还分布一种夏天麻。药用天麻用的是天麻的干燥块茎。

　　天麻植株较高大，一般1～1.5米。根状茎肥厚，肉质，块茎状，椭圆形至近哑铃形，长8～12厘米。茎直立，无绿叶，下部被数枚膜质鞘。总状花序长5～30厘米，具30～50朵花，花橙黄、淡黄、蓝绿或黄白色。蒴果倒卵状椭圆形，长1.4～1.8厘米，宽8～9毫米。

(二) ▶ 起源及演变历程

　　天麻最早记载于东汉时期的《神农本草经》中。明代的《本草汇言》等一系列古代药书中对其性状、药效功能等做了详细的介绍。但是，野生天麻资源是极为有限的，随着人们对天麻了解的增多，天麻的供需矛盾日渐突出。为有效解决天麻的供需问题，20世纪50年代以周铉、徐锦堂等为代表的科技人员开始探索人工栽培天麻技术。20世纪60年代，人们用蜜环菌材伴栽天麻获得了成功，改写了天麻只能野生不能种植的历史。20世纪70年代，科学家分离培养出了蜜环菌纯菌种，用蜜环菌纯菌种与木材伴栽天麻取得成功，自此，天麻大规模人工种植快速发展起来。1974年，周铉率先研究出天麻有性繁殖的"带菌须根苗床法"，用蕨草根开启了天麻的有性繁殖时代。20世纪80年代，人们又分离出天麻种子伴生萌发菌，从而显著提高了天麻有性繁殖的成活率。在这些种植成功实例的基础上，我国植物学家相继编写了《天麻形态学》《中国天麻栽培学》等专著，为我国天麻人工大规模栽培打下了坚实的基础，推动了我国天麻人工种植业的发展。

（三）▶ 现状及对人类的影响

1. 现状

天麻分布于热带、亚热带、温带及寒温带的山地。在我国，分布于吉林省、辽宁省、内蒙古自治区、河北省、山西省、陕西省、甘肃省、江苏省、安徽省、浙江省、江西省、台湾省、河南省、湖北省、湖南省、四川省、贵州省、云南省和西藏自治区等地。

2. 对人类的影响

（1）药用价值

天麻味甘、性平；入肝经。可平肝息风、祛风止痛，防治心血管疾病，降低血压，减慢心率，对心肌缺血有保护作用。天麻中的多糖还可提高人体免疫力。

（2）文化价值

汉《神农本草经》列天麻为上品；南北朝《吴普本草》称其为神草；宋《开宝本草》中称其天麻，《梦溪笔谈》云："赤箭即天麻也。"明《本草纲目》云："赤箭以状得名……天麻即赤箭之根。"

（四）▶ 相关故事

传说，远古时代神农氏到深山采药，因山中路险，一不留神摔倒了，爬起来时看到一株奇特的植物，只见该植物圆圆的赤褐色茎秆上连一片叶子也没有，恰似箭杆插地。他采回煮食后，发现能治许多病。神农氏认为，这是神箭的遗物，便将其命名为"神箭"，由于其赤秆，又名赤箭，也就是今天的天麻。

苏州评弹《唐宫惊变》云：唐明皇李隆基每天必喝补品赤箭粉。太平公主学武则天，命李隆基身边心腹宫女袁蓉蓉施毒于赤箭粉，企图毒害李隆基而篡夺王位。不料事发泄露，自己当了尼姑。① 民间有歌谣称：

> 有风不动无风摇，赤箭离和尊神草。
>
> 太平施计宫女败，公主没有尼姑好。
>
> 块茎消化蜜环菌，眼黑头旋有神效。
>
> 增益强精利腰膝，助阳长阴补五劳。

（五）▶ 相关图片

---

① 佚名. 无根无叶天麻. ［EB/OL］.（2019-07-09）［2021-9-10］. https://www.sohu.com/a/325690993_120196293. 马凤岐，陈永灿. 补益上药 天麻第一［J］. 保健与生活，2021（13）：42.

四十三、三 七

（一） 简介

三七,五加科人参属植物,又名山漆、四七、假人参。三七为多年生草本,高达60厘米。掌状复叶3~6轮生茎顶,叶柄长5~12厘米,小叶长椭圆形、倒卵形或倒卵状长椭圆形,长3.5~13厘米,先端渐尖,具重锯齿。伞形花序单生茎顶,具80~100花,花序梗长7~25厘米,无毛花淡黄绿色。果扁球状肾形,径约1厘米,鲜红色。

（二） 起源及演变历程

三七起源于2500万年前的第三纪。由于对生态环境的特殊要求,现仅分布于北回归线附近我国西南部的很小一部分地区。

关于三七能查证的最早使用记载为明代初期杨清叟述、赵宜真编撰（1378年）的《仙传外科方集验方》,距今已有600多年。明代云南名医兰茂在其编著的《滇南本草》中写入"土三七",证明了当时当地三七的存在。李时珍在不朽名著《本草纲目》中收载三七之后,历代若干医书,对其均有记载。《本草纲目》载"三七近时始出,南人军中用为金疮要药,云有奇功""乃阳明厥阴血分之药,故能治一切血病"。清代黄宫绣《本草求真》云:"三七,世人只知功能止血定痛,殊不知痛因血瘀血前疼作,血因敷散则血止,三七性味苦温,能于血分化其血瘀"。随着各民族的交流、经济往来,三七也已传入中原一带并为人知晓。1765年,赵学敏的《本草纲目拾遗》对三七做了重要补述:"三七大如拳者治打伤,有起死回生之功,价与黄金等""三七颇类人参,人参补气第一,三七补血第一,味间功亦等,故人并称曰人参、三七为药品中之最珍贵者"。

（三）▶ 现状及对人类的影响

1. 现状

全国 90% 以上的三七都产于云南省，其余如四川省、湖南省、贵州省、福建省、浙江省等地都有引种。由于三七对环境的适应性极差，这些地方引种出来的三七不仅产量低，品质也差，经济价值低，如俗话所说"橘生淮南则为橘，生于淮北则为枳"是一个道理。所以，适宜种植三七的还是云南省文山市，文山三七也是国家中药材地理标识之一。

2. 对人类的影响

在传统利用的基础上，国内外学者对三七进行了现代科学研究，于药物化学、药理学、临床应用、制剂等方面取得了丰硕成果，使三七广泛应用于医学领域。三七主要成分有三七总皂苷、三七素、黄酮、挥发油、氨基酸、糖类及各种微量元素等。三七总皂苷是三七的主要活性成分，可保护心肌细胞、抗血栓、抗心律失常、降血脂、延缓衰老、提高记忆等；三七素是三七止血的主要成分，能缩短凝血时间，并使血小板数显著增加；黄酮可扩张冠状动脉，增加冠脉流量，抗炎、抗过敏；挥发油具有镇静、安神的作用；三七多糖和部分挥发油类可提高人体免疫功能，具有抗癌活性。

（四）▶ 相关故事

相传很久以前，有一对兄弟，哥哥每天行医看病且种植药材，弟弟却游手好闲不务正业。有一天，弟弟突然得了急症，七窍出血。哥哥得知后，急忙刨了一棵草药煎汤给弟弟服下。弟弟连服几剂后，霍然痊愈，他问哥哥用的什么药。哥哥告诉它是祖传的止血草药。后来，他向哥哥要了一些草药小苗栽在自家园子里，第二年，这棵草药已长得枝繁叶茂。

一天，邻村一家财主的儿子也得了出血病，眼看就快死了，听说有种草药可以治这种病，便到弟弟家寻医问药。弟弟听说后，就把种在自家园子里的那棵草药挖出来，给财主的儿子煎汤喝了，几剂之后，不但没治好病，人还死了。财主像疯了一样，告到县官那里，弟弟被抓了起来。哥哥得知后，急忙前去申诉，告诉县官，这并不是弟弟的过错。弟弟给财主儿子用的确实是止血草药熬的汤，只不过这种草药才生长了一年，还没有药性，要长到三到七年时药力最强。这件事在十里八乡传开了，人们便知道了这种草药的采挖时间。后来，人们就给这种草药起名叫"三七"，意思是生长三至七年的药效最佳。[1]

（五） ▶ 相关图片

① 佚名. 三七粉的传说故事与功效［EB/OL］.（2017–01–17）［2021–9–10］. https://www.sohu.com/a/124522752_385132.

四十四、枸　杞

（一）▶ 简介

枸杞，茄科枸杞属植物。多分枝灌木，高达 1 ~ 2 米，枝条细弱，弯曲或俯垂，淡灰色，小枝顶端成棘刺状，短枝顶端棘刺长达 2 厘米。叶卵形、卵状菱形、长椭圆形或卵状披针形，长 1.5 ~ 5 厘米。花在长枝 1 ~ 2 叶腋生。浆果卵圆形，红色，长 0.7 ~ 1.5 厘米，栽培类型长圆形或长椭圆形，长达 2.2 厘米。

（二）▶ 起源及演变历程

枸杞自古就被誉为"生命之树"。流传于我国秦汉时期的《神农本草经》上载："枸杞子，久服，坚筋骨，轻身不老，耐寒暑"。

就古代文献记载而言，枸杞最早见于殷商时期的甲骨文，当时为"杞"。这说明古人在夏禹时代就已认识杞树。由此可知，枸杞的采摘、食用最少已有 4000 年左右的历史了。

枸杞人工驯化阶段应早于唐代。何时将枸杞由野生开始转为驯化，目前尚无更准确的文献考证。但是自唐以后，大量的文献表明该阶段枸杞人工栽培技术趋于成熟。唐孙思邈《千金翼方》记录了 4 种种植枸杞的方法；《种树书》中记录了枸杞扦插繁殖技术；陆龟蒙《杞菊赋》中称"春苗恣肥日，得以采撷之，以供左右杯案。及夏五月，枝叶老梗气味苦涩……"。宋吴怿在《种艺必用》中介绍了枸杞种植法："秋冬间收子，于水盆中挼取，曝干。春，熟地做畦，畦中去土五寸，勾作垄。垄之中覆草稕，如臂长，与畦等，即以泥涂草稕上。以枸杞子布于泥上，即以细土盖，令遍。又以烂牛粪一重，土一重，令畦平。待苗出，水浇之，堪吃便剪。兼可以插种"。元初司农司《农桑辑要》中指出三月可以进行苗木移栽，同时提到在三伏天进行压条繁殖，植株生长的特别茂盛。

枸杞在明弘治年以前虽有种植，但规模不是很大，自弘治十四年（1501 年）被列为朝廷贡品后，种植面积才有所发展。明嘉靖年间《宁夏新志》"辟园生产"和清乾隆年间《中卫县志》中"宁安一带家种杞园，各省入药枸杞皆宁产也"的记载，充分说明了明清时期枸杞在宁夏已经开始大规模种植并逐步形成了宁夏枸杞道地产区。

综观枸杞栽培历史，从古代文献考证，说明我国枸杞栽培历史悠久、资源丰富，同时也说明枸杞栽培技术已经有很高的水平。应当说，人工种植枸杞"早于唐，兴于宋，盛于明清，发展于当代"。

（三）▶ 现状及对人类的影响

1.现状

从全国来看，宁夏回族自治区作为枸杞传统种植大区，种植规模和产量均高于其他省份，在枸杞种植业中占据明显优势，是我国枸杞种植的第一档次；青海省和甘肃省枸杞种植业呈现快速发展趋势，是我国枸杞种植业的第二档次；新疆维吾尔自治区和内蒙古自治区枸杞种植业呈现稳中有升态势，但增长速度比甘肃省和青海省稍慢，属于第三档次；其他小规模产区，如河北省、黑龙江省等省份种植规模小、产量低，是第四档次。

随着气候条件的变化和栽培技术的改进，国内枸杞的种植范围呈现逐渐扩大趋势，种植区域从传统的宁夏回族自治区中宁产区，逐渐扩展为"宁夏回族自治区道地产区为核心，青海省、甘肃省、新疆维吾尔自治区、内蒙古自治区为两翼"的大枸杞种植区。

2.对人类的影响

（1）食用价值

嫩叶可作蔬菜，在广东省、广西壮族自治区等地，枸杞芽菜已经非常流行，可在菜市场买到，但南方基本为中华枸杞，没有宁夏枸杞。在宁夏回族自治区等西北地区，使用枸杞嫩叶作蔬菜较少。

（2）药用价值

枸杞广泛分布于我国干旱和半干旱区域，具有抗衰老、保护神经、消炎、促进代谢、控制血糖、免疫调节及抗肿瘤等多种生物学活性。

（3）林业价值

由于枸杞耐干旱，可生长在沙地，因此可作为水土保持的灌木，而且由于耐盐碱，成为盐碱地开树先锋。

（4）观赏价值

枸杞树形婀娜，叶翠绿，花淡紫，果实鲜红，是很好的盆景观赏植物，现已有部分枸杞观赏栽培，但由于耐寒耐旱不耐涝，所以在江南多雨多涝地区很难种植枸杞。

（5）文化价值

枸杞是中华民俗文化八大吉祥植物之一。民俗文化中杞菊延年的吉祥图，画的就是菊花和枸杞。《诗经》中《小雅·南山有台》以桑、杨、李和枸杞等树木比兴，颂扬君子德高望重，祝福他万寿无疆，世代平安，子孙兴旺。古人对枸杞的热爱留下了大量诗篇。清黄恩锡《竹枝词》曰："六月杞园树树红，宁安药果擅寰中。千钱一斗矜时价，绝胜腴田岁早丰。"古人曾有枸杞树下听雨的诗句："几点昨朝春尽雨，杞园珊瑚树树红。"

（四） 相关故事

润州开元寺内有一口井，井旁长满枸杞，饮此井之水甚益人。唐代刘禹锡为此有诗云："僧房药树依寒井，井有清泉药有灵。翠黛叶生笼石甃，殷红子熟照铜饼。枝繁本是仙人杖，根老能成瑞犬形。上品功能甘露味，还知一勺可延龄。"

《保寿堂方》载："春采枸杞叶，名天精草；夏采花，名长生草；秋采子，名枸杞子；冬采根，名地骨皮。常食，百岁行走如飞，发黑齿坚，阳事强健。"

有传说称，北宋一使者西河路逢十五六岁姑娘在棍责八九十岁老翁，使止并责之不孝。询知该女子得知其有 372 岁，因常服枸杞故青春常驻，而老翁是该女子之曾孙，因不食枸杞老态龙钟，故责之。①

---

① 佚名. 枸杞的传说：益寿说与明目说［EB/OL］.（2019-01-17）［2021-9-10］. http://www.uqmei.com/index.php?route=mobile/article&news_id=1579.

（五）▶ 相关图片

四十五、板蓝根

（一）▶ 简介

板蓝根是一种中药材，分为北板蓝根和南板蓝根。北板蓝根来源为十字花科植物菘蓝的根。南板蓝根为爵床科植物板蓝的根茎及根。

菘蓝，二年生草本，高达1米。基生叶莲座状，椭圆形或倒披针形，长5～15厘米，全缘或有齿，先端钝，基部渐窄；茎中部叶无柄，椭圆形或披针形，稀线状椭圆形，长3～7厘米，全缘，先端尖，基部箭形或耳状。花梗顶端棒状，花瓣黄色，倒披针形。短角果椭圆状倒披针形、长圆状倒卵形或椭圆形，长1～2厘米。

板蓝，多年生一次性结实，高约1米。茎直立或基部外倾，通常成对分枝，幼嫩部分和花序均被锈色鳞片状毛。叶椭圆形或卵形，长10～20厘米，先端短渐尖，基部楔形，边缘有稍粗的锯齿。花无梗，对生，组成腋生或顶生的穗状花序，长10～30厘米，花冠有堇色、玫瑰红或白色等，花冠圆筒形。

（二）▶ 起源及演变历程

板蓝根原产我国，名源于《神农本草经》。历代医书古籍早有板蓝根（靛青）的相关记载，如五代时期《日华子诸家本草》曰："治天行热毒"。清代张秉成《本草便读》中记载："板蓝根即靛青根，其功用性味与靛青叶同，能入肝胃血分，不过清热，解毒，辟疫，杀虫四者而已。但叶主散，根主降，此又同中之异耳。"

（三）▶ 现状及对人类的影响

1. 现状

菘蓝喜温暖气候，耐寒，怕涝。宜种植在土层深厚、土质疏松肥沃、排水良好的沙质土壤或富含腐殖质的土壤上。板蓝为半喜阴植物，生于海拔 600 ~ 2100 米的林下阴湿地，沙质壤土和壤土均适宜生长，土壤以弱酸性及中性为好。

2.对人类的影响

板蓝根具有清热解毒、凉血、利咽，提高免疫力，抗肿瘤，破坏白血病细胞等功效。

（四）▶ 相关故事

板蓝根还有一个鲜为人知的别名——龙根。关于龙根的来历，据说与东海龙王和南海龙王还有些渊源呢。

话说东海龙王和南海龙王在从天宫返回龙宫的途中，看见人间尸首遍野，又惊又疑，经打听，原来是瘟疫流行造成的，如果不控制，还会蔓延到海里去。两位龙王一听着急了，连忙商量对策。

宅心仁厚的南海青金龙主动请命，发誓不除掉瘟疫决不回龙宫。龙王十分高兴，便派他去与东海龙子协力同心除灭瘟疫。东海龙王的小龙孙紫银龙得知消息，便蹦蹦跳跳地来到老龙王面前，硬要龙王爷答应他随青金龙叔叔到人间去。龙王爷正愁找不到龙子去人间（因为龙子们正忙于修建海底乐园），便一口答应了。

于是青金龙和紫银龙辞别龙王，扮作郎中模样来到人间。两叔侄先到药王菩萨那里取了药种子，遍地撒播，又教人们细心种植药苗。

不久之后，药苗发育苗壮，长得像湖边的芦苇一样茂盛。叔侄俩教人们用这种药苗的根煎水给患者服用后，患者一个个都迅速康复。

从那时起，人间无论男女老少，都把青金龙和紫银龙奉若神灵，待若上宾。叔侄俩深受感动，决定永留人间，专心防治瘟疫。转眼到了八月十五晚上，叔侄俩来到海边，双膝跪地，叩谢龙王的养育之恩，然后两人携手进入海边的神药丛里，变成了两种特别苗壮的药苗。

从此人们便知道这药苗是龙子龙孙俩叔侄变的，便把它叫作"龙根"，即后来人们熟知的板蓝根。时至今日，仍旧有些地方称板蓝根为龙根。[①]

---

① 佚名.你知道这味药背后的故事吗？［EB/OL］.（2018-01-18）［2021-9-10］.https://www.sohu.com/a/217575504_99942936.

（五） 相关图片

四十六、黄　连

（一）▶ 简介

中药黄连来源于毛茛科黄连属多年生草本植物黄连、三角叶黄连、云南黄连的干燥根茎，以上3种植物制成药材分别为味连、雅连、云连。

黄连属植物为多年生草木，根状茎黄色，生多数须根。叶基生，叶柄长，三到五裂，有时为一至三出复叶。花小，辐射对称，黄绿或白色。果为菁葖果，具柄，在花托顶端作伞形排列。

味连、雅连和云连的区别：

味连：多集聚成簇，常弯曲，形如鸡爪。

雅连：多为单枝，略呈圆柱形，微弯曲。

云连：多为单枝，弯曲呈钩状，较细小。

（二）▶ 起源及演变历程

黄连始载于《神农本草经》，列为上品，历代医药古籍均有记载。我国历史上，今四川省、重庆市、贵州省、云南省、湖南省、安徽省、浙江省、湖北省、陕西省、江西省等皆产黄连，其中尤以重庆市为古代至现代史上最著名的黄连产区。重庆市的石柱土家族自治县、南川区、巫山县、巫溪县、城口县、酉阳县、黔江区、彭水县等地方志中均有关于黄连的许多记载，但以石柱土家族自治县为主。石柱土家族自治县自古有"黄连之乡"的美誉。《石柱县志》记载，唐天宝元年，石柱曾"上贡黄连十斤，木药子百粒"。《石柱县志》又载："石柱人工栽培黄连约始于元末明初。明初，石柱黄水坝、双河口一带农户即以种植黄连养家糊口。明代中期，黄连的栽培加工技术已日臻完善。明代后期，石柱黄水坝场已成为黄连集散地，重庆、万县、武汉、江西等地药商纷至沓来"。据四川省地方志记载，过去黄连采自野生者占有相当大的比重。由于黄连种子在自然状态下的萌发率极低，自然更新极慢，加上连年采挖，资源日趋枯竭，因此黄连的主产区也就成了最早的人工栽培地区。明清时期，石柱县种植黄连已成蔚然大观。明代李时珍《本草纲目》称黄连"大抵有两种，一种根细无毛，有珠，形如鸡爪而坚实，色深黄；一种无珠多毛而中虚，黄色稍淡，各有所宜"。所说前一种即石柱黄连（味连）。清乾隆四十年（1775年）《石砫厅志·物产志》记载："药味广，产黄连尤多，估客往来，络绎不绝，然皆土人所畜。历三五岁出地，至数岁者为久，贩之四方。亦曰川连，用入药，不敌山连之十一。山连则几绝矣"，说明此时石柱县人工种植黄连已有较大规模；又因历史上认为野连优于家种连，野生黄连几乎被采挖殆尽。清宣统元年（1909年）《石砫厅乡土志》亦记述："黄连为厅境大利，薮产黄水、双河口等处，一年种子，一年支棚，栽苗越六七年，后者为佳，茎高数寸，叶作细棱，形如芫荽，头分数种，有鸡爪、味连、金钩之别，性与雅连相埒"，说明当时石柱县已培育多个黄连品种，质量并不亚于川西地区所产的野连。

（三） 现状及对人类的影响

1. 现状

黄连属植物主要分布于北半球温带地区。我国黄连药材产量居世界首位，此外日本有少量栽培，印度、缅甸，以及西欧和北美洲国家也有少量分布。

在我国，黄连主要分布在东经97°～122°、北纬22°～33°区域，集中分布在西南和中南地区的山地丘陵。

2. 对人类的影响

（1）药用价值

现代药理学研究表明，黄连根茎中含有多种生物碱，其中主要成分小檗碱又名黄连素，含量为5%～8%，具有对热不稳定性，有极广泛的抗菌谱，对某些革兰氏阳性菌和革兰氏阴性菌具有一定的抑制作用。近年研究还发现，黄连对糖尿病、肿瘤、心血管等疾病也有一定的药效。

（2）经济价值和文化价值

黄连的用途十分广泛，可用于观赏和食用，也可加工药用，还可用于发展旅游业。因此，黄连在提升农民生活水平、推动地区的经济发展、增强地区综合实力上起到了重要的作用。目前，在重庆市石柱土家族自治县黄水镇已然形成了黄连交易的大市场，不少外地药商也都到此交易。2017 年，石柱黄连生态系统入选中国重要农业文化遗产保护名单，也获得了良好农业规范（Good Agricultural Practice，GAP）认证。

（四） 相关故事

从前，在土家族居住的黄水山上住着一位姓陶的大夫，家里有一个种满药草的园子，他经常用这些药草给人治病。由于陶大夫医术高明，很多人请他去治病，没有时间打理园子，就请了一个帮工。

陶大夫有一个女儿，唤作妹娃，长得聪明、活泼，老两口视如掌上明珠。妹娃也喜欢栽花种药，每天第一件事就是到园子里看花看药。

正月的一天早上，寒霜未化，冷气袭人，妹娃沿着小路上山，看到路边有一朵油绿色的小花开放了。妹娃很是喜欢，就把它连根挖起，种在了自家的园子里。帮工看到这株在天寒地冻的正月就开花的野草，也很喜欢，天天浇水、月月上肥。那草越长越茂盛，后来还结了籽。帮工把这花籽撒在园子里，第二年园里开满了绿色的小花。

一次，妹娃得了一种怪病，满身燥热，又吐又拉，只三天就瘦得皮包骨头了。陶大夫到外地给人治病未归，妹娃的母亲只好请当地另一大夫前来给女儿治病。这位大夫是陶大夫的朋友，诊治十分细心。可妹娃连服三剂药都未见效，病得更厉害了。母亲整日守护床前，急得吃不下、睡不着，时常落泪。

帮工看在眼里，急在心里，怎么办呢？忽然，他想起那绿色的小花，前些日子自己嗓子痛，偶然摘下一片叶子嚼了一下，虽然苦得要命，但过了一个时辰，嗓子痛的症状居然减轻了。接着，他又嚼了两片叶子，当天嗓子就不痛了。妹娃这个病，能不能用这种草呢？不妨试一试。想到这里，他就连根带叶扯了一株煎成一碗水，趁妹娃的母亲去煮饭时端给妹娃喝了。谁知早上喝下的药，下午病就好了很多；又喝了两次，病居然全好了。这时，陶大夫回来了，一问经过，非常感动，连声感谢帮工道："妹娃害的是肠胃湿热，一定要清热燥湿的药才医得好。

这开绿花的小草，看来对清热燥湿有功效呀！"

因为这位帮工姓黄名连，为了感谢他，这药材也就取名为"黄连"了。[①]

（五）▶ 相关图片

---

① 佚名. 先苦后甜甜似蜜，先甜后苦苦黄连［EB/OL］.（2021–05–20）［2021–10–10］. https://www.sohu.com/a/467517220_120013947.

四十七、砂 仁

（一） 简介

砂仁，又称小豆蔻，姜科植物阳春砂、绿壳砂及海南砂的干燥成熟果实。株高可达3米，茎散生，根茎匍匐地面。果实为蒴果。5—6月开花；8—9月结果。

阳春砂果实呈椭圆形或卵圆形，有不明显的三棱。成熟时紫红色，表面被柔刺。种子多数，聚成一团，多角形，有浓郁香气。

绿壳砂果实呈椭圆形或卵圆形，有不明显的三棱。蒴果成熟时绿色，果皮上的柔刺较扁。种子团干后外面常被一层白粉。

海南砂果实呈长椭圆形或卵圆形，有明显的三棱。果皮厚而硬，表面被片状、分枝的软刺，基部具果梗痕。种子团较小，气味稍淡。

（二） 起源及演变历程

砂仁在我国具有悠久的药用历史。唐代《海药本草》、宋代《开宝本草》及明代《药性本草》《本草纲目》中均有对砂仁的记载。

砂仁始载于唐代甄权《药性论》，谓："缩沙蜜出波斯国（今伊朗）。"五代时期李珣《海药本草》云："今按陈氏，生西海（今印度洋、波斯湾、地中海）及西戎诸国……多从安东道来。"宋代苏颂《本草图经》曰："缩沙蜜生南地，今惟岭南山泽间有之……"宋代除了沿用前人研、炙的炮制方法，还丰富了净制法，增加了炒、制炭、焙、熬的方法。如《太平圣惠方》："去皮"；《洪氏集验方》"去壳"；《类编朱氏集验医方》"去膜皮"的净制法。在《普济本事方》有"略炒吹去衣研用"首次提出炒制的方法；《太平惠民和剂局方》"凡使先和皮慢火炒令热透，去皮取仁入药用"；《类编朱氏集验医方》"和壳炒六七分焦，去壳用仁"等都有"炒"的记载。《重修政和经史证类备用本草》首次记载有"熬末"的炮制方法。又如《类编朱氏集验医方》开始有了"火煅存性""去膜皮,轻焙"。

砂仁是我国重要的四大传统"南药"品种之一。20 世纪 50 年代末至 60 年代初,为扩大国内砂仁种植生产以扭转依靠进口的被动局面,科研工作者开展了阳春砂仁人工种植研究,从而推动了种植发展。1963 年,云南省从广东省阳春县引种阳春砂仁获得成功后,在西双版纳得到良好推广,种植发展迅速。

(三) 现状及对人类的影响

1. 现状

我国砂仁种质资源较为丰富。其中,阳春砂为我国特有药材品种,主要分布于广东省、云南省、广西壮族自治区、福建省、四川省等地;绿壳砂主要分布于云南省;海南砂分布于海南省和广东省的雷州半岛。砂仁多生长于热带、亚热带季雨林下,喜温暖潮湿气候,属于多年生半阴性植物,野生、栽培均有。云南省南部区域地处热带北缘,是我国砂仁的主产区。

2. 对人类的影响

砂仁对调节胃肠动力、血小板聚集和免疫功能,治疗消化道溃疡、开胃消食、抗炎、镇痛有一定的作用。

此外,中医根据砂仁的作用,与其他药物配伍,用于治疗脑卒中、湿疹、红斑狼疮、药疹、不寐、直肠黏膜松弛等病症。

(四) 相关故事

传说很久以前,广东省阳春县发生了一次大范围的牛瘟。全县境内方圆数百里的耕牛接连病死,唯有蟠龙金花坑附近村庄的耕牛没有发瘟,而且头头强健力壮。当地的老农十分惊奇,便召集牧童,查问他们每天在哪儿放牛,牛都吃些什么草。牧童们纷纷争抢着说道:"我们全在金花坑放牛,那儿长着一种叶子散发出浓郁芳香、根部发达、会结果实的草,牛很喜欢吃。"

老农们听后,就和牧童一同到了金花坑,看见那里果然漫山遍野地生长着这种草。将其连根拔起,摘下几粒果实放口中嚼之,一股带有香、甜、酸、苦、辣的气味冲入了脾胃，顿时备感舒畅。大家品尝了以后想这种草既然可以治牛瘟，是否也能治人病？于是，就连根挖了一些草带回村里，一些因受了风寒引起胃脘胀痛、不思饮食、连连呃逆的人吃了后效果也较好。后来人们又将这种草移植到房屋前后进行栽培，久而久之成为一味常用的中药，这便是砂仁的由来。①

（五）▶ 相关图片

① 佚名. 都是牛瘟惹的祸，竟是"砂砂"来赐福｜是真的吗？［EB/OL］.（2021-07-19）［2021-10-10］. http://www.sznews.com/news/content/2021-07/19/content_24405849.htm.

四十八、山 楂

（一） 简介

山楂，蔷薇科山楂属植物。落叶稀半常绿灌木或小乔木，通常具刺。单叶互生，有锯齿，深裂或浅裂，稀不裂，有叶柄与托叶。伞房花序或伞形花序，极少单生；萼筒钟状，萼片5；花瓣5，白色，极少数粉红色；心皮1~5，大部分与花托合生，仅先端和腹面分离，子房下位至半下位。梨果，先端有宿存萼片；心皮熟时为骨质，成小核状，各具1种子。药用部位为果实。

（二） 起源及演变历程

山楂在本草中的最早记载以"赤爪木"名见于唐《新修本草》"生平陆……小树生高五六尺。叶似香菜（即唇形科香薷），子似虎掌爪，大如小林檎，赤色。出山南（今湖北省襄阳市）、申（今河南省信阳市）、安（今湖北省安路市）、随（今湖北省随县）等州"。山楂还以"滁州棠逑子"之名被宋《本草图经》收载："棠逑子生滁州（安徽滁州），三月开白花，随便结实，其叶酢而涩。"《救荒本草》（1406年）记载"山里果儿""生新郑县（今河南省新郑县或开封市附近）山野中，枝茎似初生桑条，上多小刺。叶似菊花叶，稍圆；又似花桑叶，亦圆。开白花，结红果，大如樱桃"。

（三） 现状及对人类的影响

1. 现状

山楂主要分布于我国黑龙江省、吉林省、辽宁省、内蒙古自治区、河北省、河南省、山东省、山西省、陕西省、江苏省等地，朝鲜和西伯利亚也有分布。

2. 对人类的影响

（1）药用价值

山楂有助消化、降血脂、抗动脉粥样硬化、抗心肌缺血、强心、降压、抗氧化、抑菌等功效。

（2）文化价值

山楂在我国古代以及现代诗词创作中也常常是引用、歌颂的对象。如僧人知一的《吟山楂》："枝屈狰狞伴日斜，迎风昂首朴无华。从容岁月带微笑，淡泊人生酸果花。"又如唐李咸用《和吴处士题村叟壁》："秋果楂梨涩，晨羞笋蕨鲜。衣蓑留冷阁，席草种闲田。"

（四）▶ 相关故事

相传山里住着一户人家，开垦了一些山坡地。这户人家有两个孩子，老大是前妻留下的，老二是晚娘生的。晚娘为了能让亲生的儿子独吞家产，把老大看作眼中钉。她天天算计着把老大除去。可是，该怎么下手呢？不能杀了，也不能推下河。她想来想去还真想出了个损主意——设法让这孩子生病，好不治而亡！

凑巧，孩子的爹要出门做生意，嘱咐儿子要听娘的话。爹刚一出门，晚娘就对老大说：

"家里这么多活儿，你得分几样干！"

"让我干什么呀？"

"你年纪小，看山去吧。我给你做好饭带着。"

从此，老大就每天到山上看庄稼。狠毒的晚娘每天故意给他做些半生不熟的饭带着。老大人又小，整天在野地里吃这种夹生饭哪里消化得动，日子久了胃总是不舒服。他的肚子时而痛、时而胀，人也一天天变瘦了。老大跟晚娘说："妈，这些日子我一吃这夹生饭肚子就痛得厉害！"晚娘张口就骂道："才干了这么点活儿就挑饭！哼，只有这个，爱吃不吃！"老大不敢还口，只好坐在山上哭。山上长着许多野山楂，老大实在咽不下晚娘的夹生饭，就吃了几个野山楂。他觉着这东西倒是充饥又解渴。于是，就天天吃起山楂来了。谁想后来，肚皮不胀了，胃也不痛，吃什么也都能消化了。晚娘很是奇怪："这小子怎么不但不死反倒胖起来了，莫非有什么神灵保护他？"晚娘怕有神灵降罪给她，就把邪心收了，不敢再害老大了。

又过了些日子，爹回来了。老大就把前后事情告诉了他爹，他爹断定山楂一定有药性，就将它制成药卖给病人吃。后来发现山楂果然有健脾和胃、消食化瘀的作用。①

（五） 相关图片

① 佚名. 山楂的故事 ［EB/OL］.（2017-12-28）［2021-10-10］. https://www.sohu.com/a/213203043_465029.

四十九、五倍子

（一）▶ 简介

五倍子是五倍子蚜虫在漆树科盐肤木属植物幼枝和叶上形成的虫瘿。本属均可作为五倍子蚜虫寄主植物，但以盐肤木上的虫瘿较好，称"角倍"。

盐肤木属为落叶灌木或乔木。叶互生，奇数羽状复叶，3小叶或单叶，叶轴具翅或无翅；小叶具柄或无柄，边缘具齿或全缘。花小，杂性或单性异株，多花，排列成顶生聚伞圆锥花序或复穗状花序，苞片宿存或脱落；花萼5裂，宿存；花瓣5，覆瓦状排列；花盘环状；子房无柄，基部多少合生。核果球形，略压扁，被毛，成熟时红色。

（二）▶ 起源及演变历程

我国五倍子的生产与应用历史悠久。早在2000多年前《山海经》就有"今蜀中有构木，七八月中吐穗。穗成，可作酢羹"的记载。唐代陈藏器《本草拾遗》，宋代《太平广记》《图经本草》，明代《本草纲目》中也有五倍子及其用途的记载。目前，五倍子作为传统中药仍在广泛应用。

（三）▶ 现状及对人类的影响

1. 现状

五部子在国外分布于印度、中南半岛、马来西亚、印度尼西亚、日本和朝鲜。

五倍子自然分布在我国近20个省份，主产区在贵州省、四川省、云南省、湖北省、湖南省、广西壮族自治区和陕西省等地，约占全国总产量的95%。

2.对人类的影响

五倍子具有止泻、抗菌、抗炎、抗病毒、抗氧化、抗衰老、降血糖等功效。除上述作用,五倍子还具有抗癌活性等作用。

综上所述,我国五倍子产量较大,分布很广,便于大规模开发生产,同时五倍子作为传统中药积累了大量的药物配方,给现代医药工作者提供了借鉴。

(四) ▶ 相关故事

五倍子是蚜科昆虫角倍蚜或倍蛋蚜在盐肤木、青麸杨树上形成的虫瘿,所以是动物性的中药。早春树发芽时,蚜虫便在芽上产生有性雄雌无翅蚜虫,交配后生出无翅雌虫,称干母,干母入侵芽内组织,逐渐形成多角的虫瘿。虫瘿要及时采收,其中因形状不同而分为角倍或菱倍。倍蛋蚜的虫瘿称肚倍或独角倍。古代便以诗为它正名:

> 收敛固涩五倍子,非草非木虫瘿窝。
>
> 染乌须发皂物灵,善止汗咳血痢脱。
>
> 两种文蛤功效异,切切不可混淆说。

(五) ▶ 相关图片

五十、鱼腥草

（一）简介

鱼腥草别名岑草、蕺菜、侧耳根、蕺菜等，三白草科植物，食用的是干燥后的地上部分。夏季茎叶茂盛花穗多时采割，除去杂质，晒干。

蕺菜茎呈扁圆柱形，扭曲，长20～35厘米，直径0.2～0.3厘米；表面棕黄色，具纵棱数条，节明显，下部节上有残存须根；质脆，易折断。叶互生，叶片卷折皱缩，展平后呈心形，长3～5厘米，宽3～4.5厘米；先端渐尖，全缘；上表面暗黄绿色至暗棕色，下表面灰绿色或灰棕色；叶柄细长，基部与托叶合生成鞘状。穗状花序顶生，黄棕色，搓碎有鱼腥气味。

（二）起源及演变历程

"鱼腥草"名见汉末药学著作《名医别录》。宋代药物学家苏颂说："生湿地，山谷阴处亦能蔓生，叶如荞麦而肥，茎紫赤色，江左人好生食，关中谓之蕺菜，叶有腥气，故俗称鱼腥草。"产于我国长江流域以南各省，早在20世纪80年代末，四川省广汉市高坪镇引入田间规模种植，现已带动周边乡镇形成近万亩种植面积，成为我国最大的鱼腥草种植基地。

（三）现状及对人类的影响

1. 现状

鱼腥草在我国的中部、西南部和东南部等地方分布的比较多，在云南省、陕北省和甘肃省等地也比较常见，只是南方的环境比较适合它生长。

鱼腥草喜温暖潮湿环境，能在多种土壤中生长，土温12℃开始出苗，生长前期适温 16～20℃，生长中期适温 15～20℃，地下茎成熟期适温 20～25℃，−15℃能越冬。鱼腥草生命力极强，直接用根茎插于潮湿泥地即可成活，并生根发芽，广为繁衍。

2. 对人类的影响

鱼腥草具利尿、提高免疫力、抗肿瘤、抗菌、抗病毒等功效，还有镇痛、镇咳、止血、抑制浆液分泌，促进组织再生，伤愈合促进红皮病、银屑病的好转等作用。

（四）▶ 相关故事

> 勾践食蕺为报仇，民间采集作菜蔬。
>
> 肺痈脓疡有特效，关键成分是栎素。
>
> 伤寒痊愈张治剂，全草均可抗菌毒。

蕺山，即今浙江省绍兴市，古为越都，是越王采食鱼腥草（蕺菜）之地。2000 多年前，长江下游的吴、越两国争战多年。公元前 494 年，吴王夫差打败了越王勾践，越王勾践成了吴王的奴仆。勾践卧薪尝胆，节衣缩食，上山采蕺为食，后由弱变强，打败了吴王。正是：

> 有志者事竟成，破釜沉舟，百二秦关终属楚。
>
> 苦心人天不负，卧薪尝胆，三千越甲可吞吴。

明末清初文学家毛奇龄咏《蕺山戒珠寺》云：

> 古殿依嵯峨，春风似永和。
>
> 龙归华藏远，僧把戒珠多。
>
> 旧巷看巢燕，清池想浴鹅。
>
> 前王曾采蕺，霸业近如何。

（五） 相关图片

主要参考文献

［1］苏敬. 新修本草［M］. 尚志钧，辑校. 合肥：安徽科学技术出版社，2004.

［2］苏颂. 本草图经［M］. 尚志钧，辑校. 合肥：安徽科学技术出版社，1994.

［3］朱橚. 救荒本草［M］. 王家葵，张瑞贤，李敏，校注. 北京：中医古籍出版社，2007.

［4］常晓勇，尹建华，张志宏，等. 云南林下中药材种植探讨［J］. 绿色科技，2020（3）：184–185.

［5］边明明，耿耿，王琦，等. 林下经济视角下云南普洱中药材产业发展及对策研究［J］. 国家林业和草原局管理干部学院学报，2019，18（3）：39–41.

［6］张薇. 关于云南省中草药发展的思考［J］. 新西部，2017（11）：42–43.

［7］张庆芝，黄心. 云南高原特色中药材发展迎机遇［N］. 中国中医药报，2015–09–17（006）.

［8］丁莉，卢迎春，起建凌. 云南高原特色中药材产业发展研究［J］. 全国商情（理论研究），2014（2）：93–95.

［9］陈曦. 几种云南道地中药类保健食品市场现状分析与营销定位［D］. 重庆：西南大学，2012.

［10］杨丽英，杨斌，李林玉，等. 6种云南道地中药材病害发生及抗病育种研究进展［J］. 中药材，2010，33（7）：1186–1188.

［11］李冠烈. 三七的现代研究与进展［J］. 世界中西医结合杂志，2008，3（10）：619–623.

第六章

花　卉

五十一、牡　丹

（一）　简介

牡丹，芍药科芍药属植物。落叶灌木，茎高达2米。叶通常为二回三出复叶，偶尔近枝顶的叶为3小叶；顶生小叶宽卵形，长7~8厘米，宽5~7厘米，3裂至中部，裂片不裂或2~3浅裂，有时具白粉。花单生枝顶，直径10~17厘米；花梗长4~6厘米；苞片5，长椭圆形，大小不等；萼片5，绿色，宽卵形，大小不等；花瓣5，或为重瓣，玫瑰色、红紫色、粉红色至白色，通常变异很大。蓇葖果长圆形，密生黄褐色硬毛。

牡丹是重要的观赏植物，属于中国"十大名花"之一。因花大而香，素有"国色天香""花中之王"之美誉。

（二）　起源及演变历程

我国是牡丹的原产地，也是栽培牡丹的起源地。目前，栽培牡丹"多地""多元"起源的观点认为，栽培牡丹的起源途径是最初通过野生种的直接驯化获得原始品种，在此基础上通过突变和人工选择发展出古代品种和传统品种。除衍生出古代品种和传统品种的野生祖先种，其他野生种通过自然或人工杂交的方式参与现有品种群的形成和发展。

据记载，牡丹最早发现于秦岭与巴山一代。关于牡丹的记载，若从《诗经》算起，距今约有3000年历史。秦汉时期，牡丹以药用植物记入《神农本草经》。隋朝时期，牡丹集中于洛阳，御苑集中了不少全国的牡丹品种。唐代时期盛于长安（今西安市）。在宋代，牡丹的色系、花型、新品种开始逐渐丰富，出名的姚黄、魏紫就是在这个时候开始出现，并至今占据牡丹四大名贵品种之位。明代李时珍在《本草纲目》中指出牡丹名字的由来："根上生苗，故谓之牡（分株繁殖），其花红色，故谓丹"。

（三）▶ 现状及对人类的影响

1.现状

我国牡丹资源特别丰富。根据全国牡丹争评国花办公室专组人员调查，我国云南、贵州、四川、西藏等29个省（自治区、直辖市）及香港、台湾均有牡丹种植。大体分野生种、半野生种及园艺栽培种几种类型。

2.对人类的影响

（1）观赏价值

牡丹花大色艳，雍容华贵，富丽堂皇，国色天香，被人们称为"花王"，是我国著名的观赏花木。多植于公园、庭院、花坛，草地中心、建筑物旁。常作专类花园。若配以假山、湖石则别有景观。又可作盆栽、切花、薰花的优良材料。

（2）药用价值

牡丹以根皮入药，称牡丹皮，又名丹皮、粉丹皮、刮丹皮等，是名贵的中药。其性微寒，味辛，无毒，入心、肝、肾三经，有散瘀血、清血、和血、止痛、通经之功效，还能降低血压、抗菌消炎。

（3）文化价值

我国的牡丹文化历史非常久远，早在《诗经》中就有提及。牡丹花最早成为人工养殖花卉的记录在南北朝时期，而牡丹花正式地风靡全国，则是在隋唐时期。唐代刘禹锡有诗曰："庭前芍药妖无格，池上芙蕖净少情。唯有牡丹真国色，花开时节动京城。"在清代末年，牡丹就曾被当作中国的国花。除了用诗词歌赋来歌颂牡丹，我国古代还有许多用绘画来表达对牡丹的喜爱的作品。

（四）▶ 相关故事

相传，在隆冬季节，一天大雪纷飞，武则天在长安（今西安市）游后苑时曾命百花同时开放，下旨曰："明早游上苑，火速报春知，花须连夜发，莫待晓风吹。"而各种花不仅开花的季节不同，就连开花的时刻也不一致。紫罗兰在春天盛开，玫瑰花在夏天怒放，菊花争艳在深秋，梅花斗俏在严冬；蔷薇、芍药开在早上，夜来香、昙花开在夜间。所以，要使百花在同一时刻开放是难以办到的。但是百花慑于武后的权势都违时开放了，唯有牡丹仍干枝枯叶、傲然挺立。武后大怒，便把牡丹贬至洛阳。牡丹一到了洛阳，立即昂首怒放，花繁色艳。这更气坏了武后，她下令用火烧死牡丹。不料，牡丹经火一烧，反而开得更加壮丽。牡丹不畏权势、英勇不屈的精神备受历代文人墨客推崇。①

（五）▶ 相关图片

---

① 中国管理科学研究院商业模式研究所红豆杉研究中心. 花中之王牡丹的植物文化 [EB/OL]. （2019-06-13）[2021-10-10]. https://baijiahao.baidu.com/s?id=16362293113954834 39&wfr=spider&for=pc.

五十二、玫　瑰

（一）▸ 简介

玫瑰，蔷薇科蔷薇属落叶灌木。枝条较为柔弱软垂且多密刺，枝干多针刺。叶为奇数羽状复叶，小叶 5~9 片，椭圆形，有边刺。花瓣重瓣至半重瓣，倒卵形，芳香，花色有紫红色、白色。果实为蔷薇果，扁球形。

（二）▸ 起源及演变历程

玫瑰原产我国华北地区以及日本和朝鲜。玫瑰是我国传统的园林植物，早在秦汉时代就已被引入宫苑栽植。据古生物工作者鉴定：早在 1.2 亿年前，就有蔷薇在今山东省临朐县繁衍生长了。玫瑰古代又名徘徊花，汉、唐时已见记述。晋代葛洪撰《西京杂记》中记"乐游苑中有自生玫瑰树"。玫瑰于 18 世纪末期引入美国，19 世纪中期引入欧洲。

（三）▸ 现状及对人类的影响

1. 现状

我国各地均有栽培。目前在我国的胶东半岛、辽东半岛、大兴安岭、小兴安岭及新疆维吾尔自治区的天山山脉，仍有大量野生玫瑰生长。

2. 对人类的影响

（1）经济价值

玫瑰的鲜花可以蒸制芳香油，用于制造化妆品；花瓣可制玫瑰花饼、玫瑰酒、玫瑰糖浆；花干制后可泡茶；花蕾可入药，治肝、胃气痛、胸腹胀满和月经不调等症；果实含丰富的维生素 C、葡萄糖、果糖、蔗糖、枸橼酸、苹果酸及胡萝卜素等，可食用及药用。

（2）文化价值

玫瑰是诗歌、绘画、雕塑等艺术的重要灵感之一，我国自古以来涉及玫瑰的文学作品更是数不胜数。

宋代诗人杨万里作诗曰：

> 非关月季姓名同，不与蔷薇谱谍通。
>
> 接叶连枝千万绿，一花两色浅深红。
>
> 风流各自燕支格，雨露何私造化功。
>
> 别有国香收不得，诗人熏入水沉中。

（四）　相关故事

在希腊传说中，玫瑰是由花神克罗斯所创造的。当初，玫瑰只是林中尚无生命的一粒种子。一天，花神克罗斯偶然在森林的一块空地上发现了它。克罗斯请求爱神阿佛洛狄特赋予了它美丽的外貌；让酒神狄俄尼索斯浇洒了神酒，使它拥有了芬芳的气味；又有美惠三女神将魅力、聪颖和欢乐赐予了它；随后，西风之神吹散了云朵，太阳神阿波罗得以照耀它并使它开花。玫瑰就这样诞生了，并被封为"花中之皇后"。①

（五）　相关图片

①　杨丽. 你知道佛罗伦萨画派艺术家波提切利的《春》中有哪些花吗？［EB/OL］.（2020–03–31）［2021–10–10］. https://baijiahao.baidu.com/s?id=1662660561740141379&wfr=spider&for=pc.

五十三、百　　合

（一）　简介

百合，百合科百合属多年生草本球根植物的总称。又名强蜀、番韭、山丹、倒仙、重迈、中庭、摩罗、重箱、中逢花、百合蒜、大师傅蒜、蒜脑薯、夜合花等。鳞茎球形，先端常开放如莲座状，由多数肉质肥厚、卵匙形的鳞片聚合而成。根分为肉质根和纤维状根两类。花单生或排成总状花序。花被常靠合成喇叭形或钟形。

（二）　起源及演变历程

野生百合主要分布在中国、朝鲜及日本。目前，全球共发现 115 个种，其中有 36 个种和 15 个变种为我国特有种。我国是百合最主要的起源地。百合在我国由野生变成人工栽培历史悠久。早在东汉时期张仲景所著的《金匮要略》中已详细记载了百合的药用价值。南北朝时期百合已应用于观赏栽培。唐代段成式的《酉阳杂俎》中记述了百合的庭园栽培，谓："元和末，海陵夏危乙庭前生百合花，大于常数倍。"宋代罗原在《尔雅翼》中提道："小者如蒜，大者如碗，数十片相累，状如白莲花，故名百合，言百片合成也。"明周文华的《汝南圃史》亦记述苏州的五种百合；王象晋的《群芳谱》中收集了历代的百合相关资料和诗歌。清代陈淏子《花镜》（1688）有山丹、百合、番山丹等百合属花卉的记载。

（三）▶ 现状及对人类的影响

1.现状

百合在我国四川省西部、云南省西北部和西藏自治区东南部分布最多，是我国百合主要集中分布区。我国东北地区也是百合的集中分布区之一，主要在吉林省、辽宁省和黑龙江省南部地区。

2.对人类的影响

（1）观赏价值

百合端庄淡雅的芳容确实十分可人。其植株挺立，叶似翠竹，沿茎轮生，花色洁白，状如喇叭，姿态异常优美，能散出隐隐幽香，被人誉为"云裳仙子"。百合适合于林下、空隙地、岩石旁和草地边缘片植或丛植。开花时，尽显婀娜多姿，娇艳动人。盆栽或插花摆放公共场所大堂、厅室，优雅柔美。

（2）药用价值

百合干有很高的药用价值。可用于润肺止咳，清心安神。治肺热久嗽，咳唾痰血；热病后余热未清，虚烦惊悸，神志恍惚；脚气浮肿等。

（3）文化价值

南北朝时，梁宣帝发现百合花观赏价值高，便题诗"接叶有多种，开花无异色。含露或低垂，从风时偃抑。甘菊愧仙方，蕠兰谢芳馥"。赞美百合具有超凡脱俗、矜持含蓄的气质。至宋代种植百合花的人更多。大诗人陆游也利用窗前的土丘种上百合花，并咏曰："芳兰移取遍中林，余地何妨种玉簪，更乞两丛香百合，老翁七十尚童心"。时至近代，喜爱百合花者更多。人们赞扬和喜爱百合花，大多是因为种头由近百块鳞片抱合而成，寓意"百年好合""百事合意"的吉兆。

（四）▶ 相关故事

传说在很久以前，有一年美国犹他州遭受了罕见的旱灾，连树叶、野草都干枯了，只有长在地下的百合可供人们充饥，帮助人们度过了饥荒。从此，犹他州的人们对百合产生了特殊的感情，视其为吉祥之物。该州还设立了一条法令，禁止在有百合的田野里打仗，以保护百合的生长。百合花也由此出现在美国犹他州的徽标上。[①]

（五） 相关图片

① 遥望彼岸花开. 草木物语丨故事里的百合花［EB/OL］.（2020-06-05）［2021-9-10］. https://www.sohu.com/a/399977833_99896348.

五十四、兰　花

（一）　简介

兰花，兰科兰属植物的统称。一般为附生或地生草本。叶数 2 枚至多枚，通常生于假鳞茎基部或下部节上；带状或罕有倒披针形至狭椭圆形；基部一般有宽阔的鞘并围抱假鳞茎，有关节。总状花序具数花或多花，颜色有白、纯白、白绿、黄绿、淡黄、淡黄褐、黄、红、青、紫等。

（二）　起源及演变历程

中国传统名花中的兰花仅指分布在中国的兰属植物中的若干种地生兰，如春兰、惠兰、建兰、墨兰和寒兰等，即通常所指的"中国兰"。古代，起初是以采集野生兰花为主，人工栽培兰花则是从宫廷栽培开始。魏晋以后，兰花从宫廷栽培扩大到士大夫阶层的私家园林，并用来点缀庭园，美化环境，正如曹植《公燕诗》一诗中描写的"秋兰被长坂，朱华冒绿池"。直至唐代，兰花的栽培才发展到一般庭园和花农培植。

（三）　现状及对人类的影响

1. 现状

我国兰花栽培虽有悠久的历史，但一直延续传统的家庭方式种植，大规模进入商品化生产比欧洲要晚近 1 个世纪。欧洲早在 19 世纪中后期就已经有相当多的兰花杂种与品种出售，而我国长期以来一直以春兰、蕙兰、寒兰、建兰、墨兰五大国兰品种为主。市场热销的杂种兰、热带兰等大花种类是近些年引入栽培的，商业化生产及销售体系尚未成熟。这与国外高科技装备的温室生产方式和拍卖及网上交易构成的销售方式形成鲜明的对比。

2.对人类的影响

（1）药用价值

兰花和许多可食用的花卉一样，既可食用又可药用。兰花的药用价值是不可多得的。据记载，兰花全草均可入药。性平，味辛、甘、无毒，有养阴润肺、利水渗湿、清热解毒等功效。

（2）制茶和食用价值

兰花香气清洌、醇正，多用于茶，也可用来熏茶；还可做汤等菜肴。

（3）文化价值

从古至今，从国外到国内，兰花的文化价值一直很高。兰花的文化价值同时也促进了经济发展。兰花是一种风格独异的花卉，观赏价值很高。兰花的花色淡雅，其中以嫩绿、黄绿的居多，但尤以素心者为名贵。兰花的香气，清而不浊，一盆在室，芳香四溢。"手培兰蕊两三栽，日暖风和次第开；坐久不知香在室，推窗时有蝶飞来。"古人这首诗将兰花的幽香表现得淋漓尽致。兰花的花姿有的端庄隽秀，有的雍容华贵，富于变化。兰花的叶终年鲜绿，刚柔兼备，姿态优美，即使不是花期，也像是一件活的艺术品。"泣露光偏乱，含风影自斜；俗人那斛比，看叶胜看花"。这首诗就是用来形容兰叶婀娜多姿之美。唐李德裕有赞美兰花的诗句："紫艳映渠鲜，轻香含露洁"；清郑板桥《题破盆兰花》"春风春雨洗妙颜，一辞琼岛到人间。而今究竟无知己，打破乌盆更入山"诗句，都表明人们对大自然色彩的眷恋。

（四）相关故事

楚怀年间，屈原遭奸臣所害被革职罢官。他回到家乡归州（即今湖北省秭归县），住在牛肝马肺峡南岸，在仙女山下的溪边办了一所学堂，亲自教授弟子。

相传一天，仙女山的兰花娘娘路过时，发现屈原正在讲课，便自空中降下云头，立在窗外静听。只见屈原挥舞双手，慷慨激昂地陈述振兴楚国的道理，那种矢志不渝的爱国精神令兰花娘娘也为之感动。她深知屈原平素性喜兰花，临走前特意施展法术将栽种在窗下的三株兰花点化成精。

一次课间，屈原抱病讲到国家奸臣当道、百姓受难的情形，由于过分激动，义愤填膺，一口鲜血从嘴里喷射出来，恰巧溅落在窗外的兰花根部。弟子们见老师呕心沥血地教书育人，心疼得泪流满面！而那三株兰花得到屈大夫的心血滋养，一夜之间竟发成了一大蓬，足有几十株。

屈原闻着扑鼻的清香，病情也好转了许多。大家喜出望外，一起动手将兰花分株移栽到学堂四周的空地上。话说那兰花第一天入土即生根，第二天便发苞抽芽，第三天则伸枝展叶，第四天就绽蕾开花，到了第五天，每一株又发出大蓬大蓬的新苞来。

屈原率领学生将兰花移栽至溪边、山上，兰花因此得以铺展蔓延。山里老农欣喜地说："我们这里十二亩称一畹，屈大夫栽种的兰花，怕有三畹了！我们这山乡呀，真该改名叫芝兰乡了。"

随后，兰花从三畹发展到六畹，又由六畹逐步扩展到了九畹，从此，仙女山下的这条清溪就叫作了九畹溪。九畹溪边的兰花，一年盛似一年，醉人的芳香漫溢了整条西陵峡，香飘全归州，直至香了半个楚天！

一年五月，九畹溪畔、芝兰乡里葳蕤的兰花突然间全部凋零枯萎而死，只留下阵阵暗香。不久后传来噩耗——就在兰花凋谢的那天，屈大夫已经含冤投身汨罗江自尽。

后来，屈大夫的学堂被改建成为芝兰庙，广植兰草。后人借此以示永久的纪念。①

（五）相关图片

---

① 佚名. 草木有本心，何求美人折 _ 兰花气节屈灵均［EB/OL］. （2020-08-06）［2021-9-10］. https://baijiahao.baidu.com/s?id=1674285488976565048&wfr=spider&for=pc.

佚名. 兰花，看起来好似平常的植物，却和伟大的爱国人士屈原息息相关！［EB/OL］. （2018-01-11）［2021-10-10］. https://baijiahao.baidu.com/s?id=1589310638465044340&wfr=spider&for=pc.

五十五、杜鹃花

（一）简介

　　杜鹃花，杜鹃花科杜鹃花属植物的统称，又名唐杜鹃、照山红、映山红、山石榴、山踯蠋、山踯躅。常绿或落叶，灌木或乔木。叶有常绿或落叶、半落叶，互生，全缘，稀有不明显的小齿。花大，伞形或短总状花序，多顶生，花冠漏斗状、钟状，稀筒状或高脚碟状。蒴果自顶部向下室间开裂，果瓣木质，有些质薄者开裂后果瓣扭曲；种子多数，细小，具膜质薄翅，或种子两端有明显或不明显的鳍状翅，或无翅但两端具狭长或尾状附属物。

　　杜鹃种类繁多，花色绚丽，花叶兼美，是中国十大传统名花之一。

（二）起源及演变历程

　　我国杜鹃花的记载最早见于东汉时期的《神农本草经》，书中将羊踯躅（杜鹃花属植物）列为有毒植物。

　　我国杜鹃花的栽培历史，至少已有 1000 多年。唐代出现了观赏的杜鹃花，此时杜鹃花就已移入庭园栽培。据记载，唐贞观元年已有人收集杜鹃花品种栽培，最有名的是镇江鹤林寺所栽培的杜鹃花。宋代对杜鹃花的栽培又有新的发展，杜鹃花多见于在杭州庭院。明代对杜鹃花又有了进一步的深入了解，如《永昌二芳记》《大理府志》《本草纲目》《徐霞客游记》等都有不同程度关于杜鹃花的品种、习性、分布、应用、育种、盆栽等的记载。清代有了杜鹃花的盆景造型，对杜鹃花的栽培已有一整套的经验，记载也多，如《花镜》《广群芳谱》《滇南新语》《盆玩偶录》等。嘉庆年间苏灵的《盆玩偶录》将杜鹃花盆栽列为

"十八学士"①第六位。道光年间《桐桥倚棹录》中提到"洋茶、洋鹃、山茶、山鹃"的记载，说明此时中国国内已引入国外杜鹃花栽培了。20世纪20～30年代，中国以外的杜鹃园艺品种开始进入上海市、江苏省无锡市、广东省广州市、浙江省宁波市、福建省福州市和厦门市、山东省青岛市、辽宁省丹东市等沿海城市。

（三）现状及对人类的影响

1. 现状

全世界的杜鹃花约有960种。我国是杜鹃花分布最多的国家，有约542种（不包括种下等级）。杜鹃花广泛分布于欧洲、亚洲、北美洲，主产东亚和东南亚。在我国除新疆维吾尔自治区、宁夏回族自治区，各地均有栽培，但集中产于西南、华南地区。

2. 对人类的影响

（1）观赏价值

杜鹃花花繁色艳，万紫千红。宜配植于路边、林缘、水边、花坛、草坪、岩边、缓坡、陡壁上，或稀疏的复层混交林下也可盆栽。随着杜鹃花的园艺品种越来越多，杜鹃花盆栽已成为我国节日和年宵花卉的主要种类之一。

（2）药用价值

杜鹃花的叶、果等皆可入药，具镇咳、平喘祛痰、抗炎抑菌、降压、利尿、镇痛、抑制中枢、影响呼吸系统等作用。

（3）文化价值

在唐代时，出现了供人观赏的杜鹃花。唐朝大诗人白居易不仅对杜鹃花情有独钟，写下了不少赞美杜鹃花的诗歌，同时还移植栽培杜鹃花。白居易第一次移植栽培杜鹃花没有成功，便写下了"争奈结根深石底，无因移得到人家"的诗句。直到820年，白居易终于亲自移植栽培成功了杜鹃花，就又写了"忠州洲里今日花，庐山山头去年树，已怜根损斩新栽，还喜花开依旧数"的诗词。

---

① 清代嘉庆年间苏灵所著的《盆玩偶录》中把盆景植物分为"四大家""七贤""十八学士"等。其中"十八学士"有梅、桃、虎刺、吉庆果、枸杞、杜鹃、翠柏、木瓜、腊梅、南天竺、山茶花、罗汉松、西府海棠、凤尾竹、紫薇、石榴、六月雪、栀子花。

（四） 相关故事

在闽、浙一带，传说杜鹃和谢豹为结拜兄弟。谢豹因无意中伤了人被判死罪，关进死牢，杜鹃带了酒菜去看他。谢豹诡称要理发，让杜鹃代他坐一会儿牢。杜鹃欣然同意，哪知谢豹一去不回。杜鹃伤心地哭了三天三夜，第四天就被推出去斩首。杜鹃死后变成一只冤鸟，从这山哭到那山，想找谢豹，却徒劳无功。日复一日，年复一年，啼出的血泪洒在山间，滴到之处便长出小树，春天一到，更开出了血红色的花，这就是杜鹃花的由来。

另有一则故事则是这样说的：古时蜀帝杜宇，死后仍舍不得离开他的子民，灵魂便化作一种鸟，名叫"杜鹃鸟"，常叫着"不如归！不如归！"直叫得口吐鲜血，血滴在一种树上，便开出血红色的花。后人为纪念杜宇便称此花为"杜鹃花"。①

（五） 相关图片

---

① 佚名. 花的花语背后都有着一个凄美的故事：杜鹃花［EB/OL］.（2020-07-30）
［2021-10-10］. https://new.qq.com/omn/20200730/20200730A0Z5IT00.html.

五十六、海　棠

（一）▶ 简介

　　海棠为蔷薇科苹果属植物；但观赏类的海棠则是蔷薇科苹果属多种植物和木瓜属几种植物的合称，大多是灌木或小乔木，为中国著名观赏树种，各地均见栽培。海棠自古作为观赏植物，初开时有如胭脂点点，开成后则渐成缬晕明霞，花落时又像宿妆淡粉。加以叶茂枝柔作映衬，确实娇妍动人。海棠的花朵较小，但繁花累累、重葩叠萼，一时间花团锦簇，一树千花，引人入胜，令人陶醉。

（二）▶ 起源及演变历程

　　海棠类花卉多是著名的观赏植物，在不断地演化过程中也形成了数量可观的种类。

　　海棠在我国有悠久的栽培历史，所以栽培品种较多。目前我国约有20多个品种，多数是观赏类的，其中尤以西府海棠和垂丝海棠最为著名。西府海棠树态峭立，既香且艳，是海棠中的上品。花未开时，花蕾红艳，似胭脂点点，开后则渐变粉红，有如晓天明霞。北京中山公园栽植西府海棠近百株，集中栽植于南坛门外一线和内坛等景区。西府海棠的花形较大，新长出的嫩叶簇拥着四至七朵花缀满枝条。"千朵万朵压枝低"，长长的枝条弯垂下来，沿南坛门外一线形成一条海棠花廊。人在花下，香风阵阵，不时有花瓣随风飘落，有如花雨，妙不可言。

1. 现状

我国海棠主要分布于山东省、陕西省、湖北省、江西省、安徽省、江苏省、浙江省、广东省、广西壮族自治区等地。

2. 对人类的影响

（1）观赏价值

海棠树姿优美，春花烂漫。入秋后金果满树，芳香袭人，有的品种的果实经久不落，到了冬天依然很美观，观赏期长。海棠自古以来就是雅俗共赏的名花，素有"花中神仙""花贵妃""花尊贵"之称，有"国艳"之誉，常与玉兰、牡丹、桂花相配植，形成"玉棠富贵"的意境。

海棠中的西府海棠、垂丝海棠、贴梗海棠和木瓜海棠，习称"海棠四品"，是重要的温带观花树木。花还含蜜汁，是很好的蜜源植物。海棠对二氧化硫有较强的抗性，可适应城市街道绿地和矿区绿化，深受园林行业的喜爱。海棠经矮化栽培后还是制作盆景的好材料，切枝可供瓶插及其他装饰之用。

（2）药用价值

海棠果营养价值可与猕猴桃媲美，以"百益之果"著称，是药食兼用食品。有些海棠果实经蒸煮后可制成蜜饯；又可供药用，有祛风、顺气、舒筋、止痛的功效，并能解酒去痰，煨食止痢。

（3）文化价值

历代文人多有脍炙人口的诗句赞赏海棠。陆游诗云："虽艳无俗姿，太皇真富贵。"形容海棠艳美高雅。陆游另一首诗中："猩红鹦绿极天巧，叠萼重跗眩朝日。"形容海棠花鲜艳的红花绿叶及花朵繁茂与朝日争辉的形象。宋代刘子翚诗云："幽姿淑态弄春晴，梅借风流柳借轻，……几经夜雨香犹在，染尽胭脂画不成……"形容海棠似娴静的淑女，因此海棠集梅、柳优点于一身而妩媚动人，雨后清香犹存，花艳难以描绘，难怪唐明皇也将沉睡的杨贵妃比作海棠了。苏东坡为之倾倒有名句"只恐夜深花睡去，故烧高烛照红妆"，因此海棠有雅号"解语花"。

（四） ▶ 相关故事

海棠是周总理甚为钟爱的花卉之一。1954年春，西花厅的海棠花盛开时，周恩来总理正在瑞士参加日内瓦会议。于是，邓颖超便剪下一枝海棠花做成标本托人带给他。周恩来总理看到这来自祖国蕴含深意的海棠花非常感动，托人带回了一枝芍药给邓颖超。[①]

国画大师张大千一生充满传奇色彩。他喜爱梅花、荷花、海棠等有中国特色的园林植物，在旅居美国时曾向友人乞要海棠，并作画《乞海棠》。张大千听说百里之外种有名贵的垂丝海棠，为求购花木，甚至愿意典当画作，节衣缩食。1958年，张大千以一幅《秋海棠》荣膺纽约国际艺术协会世界伟大画家的荣誉。1982年年底，身居中国台北的张大千处于生命的最后阶段，仍作了《海棠春睡图》赠与四川老友，画上折枝海棠设色艳丽，形态娇媚，并题诗表达自己对祖国和老友的思念之情。[②]

（五） ▶ 相关图片

① 百荷书房. 又是一年赏海棠，幽径漫漫是旧香［EB/OL］.（2021-03-05）［2021-10-10］. https://author.baidu.com/home?from=bjh_article&app_id=1598337021549171.

② 东方国学. 画中海棠依旧，只是春睡未足［EB/OL］.（2019-04-12）［2021-10-10］. https://www.sohu.com/a/307478558_120047057.

五十七、荷 花

(一) ▶ 简介

荷花，睡莲科莲属植物。原产亚洲热带和温带地区。荷花性喜相对稳定的平静浅水、湖沼、泽地、池塘等，喜光，极不耐荫。地下茎长而肥厚，有长节，叶盾圆形。花期6~9月，单生于花梗顶端，花瓣多数，嵌生在花托穴内，有红、粉红、白、紫等色。观赏种类花型，花色奇特者多。坚果椭圆形，种子卵形。

(二) ▶ 起源及演变历程

荷花被称为"活化石"，是被子植物中起源极早的植物之一。在人类出现以前，荷花便在中国的阿穆尔河（今黑龙江）、黄河、长江流域及北半球的沼泽、湖泊中顽强地生存下来。大约过了1亿多年，原始人类开始出现。人类为了生存而采集野果充饥，不久便发现这种植物的野果和根节（即莲子与藕）可以食用。一直到公元前五六千年的新石器时代，随着农耕文化的出现，人类对荷花开始有了进一步的了解。

大约西周时期，荷花从湖畔沼泽的野生状态走进了人们的田间池塘。到了春秋时期，人们将荷花各部分器官分别定了专名。中国最早的字典——汉初时的《尔雅》就记有："荷，芙蕖，其茎茄，其叶蘧，其本密，其华菡，其实莲，其根藕，其中菂，菂中薏。"

汉代是中国农业空前发展的一个时期，也对荷花的栽培产生了重要的作用。西汉开始，中国的官私营商业迅速发展，今湖北省江陵市、安徽省合肥市、四川省成都市等地的特产——莲藕均通过这些中心商市进入北方，从根本上扩大了荷花的分布区域，使北方人民进一步认识荷花，了解荷花，从而极大地提高了荷花的栽培技艺。汉以前，中国的荷花品种均是单瓣型的红莲。到了魏晋，出现了重瓣荷花。南北朝时期又发展有千瓣（并蒂）荷花。唐朝有重台莲和重瓣莲花的选育；宋元时期出现了碧莲、黄莲等；至明清，我国荷花发展达到一个高峰，品种也更为丰富，《群芳谱》记载了金镶玉印在内的 26 个荷花品种。

（三）▶ 现状及对人类的影响

1.现状

荷花一般分布在中亚、西亚、北美、印度、中国、日本等亚热带和温带地区。我国荷花分布北起黑龙江省，南至海南省，东起江苏省、浙江省、台湾省，西至新疆维吾尔自治区天山以南，除西藏自治区、内蒙古自治区无发现，在全国沼泽、湿地、湖泊、塘边均有分布。湖北省武汉市东湖是我国重要的莲花种质资源基地。亚洲一些偏僻的地方至今还有野莲，但大多数的莲都是人工种植，以作为风景点缀和食用。

2.对人类的影响

（1）观赏价值

荷花的绿色观赏期长达 8 个月，群体花期 2 ~ 3 个月。花朵硕大，色泽艳丽，清香远溢，在园林造景中，广受青睐。

（2）药用价值

《本草纲目》记载荷花、莲子、莲衣、莲房、莲须、莲子心、荷叶、荷梗、藕节等均可药用。荷花能活血止血、去湿消风、清心凉血、解热解毒；莲子能养心、益肾、补脾、涩肠；莲须能清心、益肾、涩精、止血、解暑除烦，生津止渴；荷叶能清暑利湿、升阳止血、减肥瘦身；藕节能止血、散瘀、解热毒；荷梗能清热解暑、通气行水、泻火清心。

（3）食用价值

中国古代民间就有"春天折梅赠远，秋天采莲怀人"的传统。自古中国人民就视莲子为珍贵食品，如今仍然是高级滋补营养品，众多地方专营莲子生产。莲藕是极好的蔬菜和蜜饯果品。莲叶、莲花、莲蕊等也都是中国人民喜爱的药膳食品。可见荷花食文化的丰富多彩。传统的有莲子粥、莲房脯、莲子粉、藕片夹肉、荷叶蒸肉、荷叶粥等。有叶为茶的代用品，又作为包装材料。

（4）文化价值

人类在不断的生产劳动中，对朝夕相处的荷花的生长习性、生存环境等积累了丰富的感性认识，为中国古老的荷花文化的产生发展奠定的良好的基础。

春秋时期青铜工艺珍品"莲鹤方壶"（高118厘米，故宫博物院馆藏）从美术方面反映了荷花对时代精神所起的重要作用。可见，当时荷花同被神化的龙、螭及仙鹤一样，成为人们心目中崇高圣洁的象征。

西汉时期，乐府歌辞逐渐盛行，由此产生了众多优美的采莲曲谣。隋唐以后，荷花的栽培技艺进一步提高，有关荷花的诗词、绘画、雕塑、工艺等荷文化内容更加丰富多彩。尤其是经过贞观之治后，荷花的应用越来越广泛，成为工艺美术家创造的灵感来源。如隋唐时期的瓷器、铜镜等的装饰多采用莲花花纹；金银器上，尤其是盘边缘，多饰以富丽的莲瓣纹，整个风格华丽而真实。宋代著名女画家兼工缂丝的朱克柔创作的荷花缂丝图案，古淡清雅、为一时之绝作。明清时期的木版年画多采用"连（莲）贵子""连（莲）年有余（鱼）"等荷花吉祥图案来表达人们的愿望。

中国始于六朝佛前供花的插花，在兴起之时便与荷花结下了不解之缘。到了明清时期，荷花插花无论是艺术深度还是技巧，都上升到一个新的水平，是中国古代插花艺术的鼎盛时期。

自古关于荷的诗词散文等文学作品不胜枚举。如北宋理学家周敦颐的《爱莲说》中"予独爱莲之出淤泥而不染，濯清涟而不妖，中通外直，不蔓不枝，香远益清，亭亭净植，可远观而不可亵玩焉。"南宋杨万里的"小荷才露尖尖角，早有蜻蜓立上头"亦是传世经典名句。

（四） 相关故事

相传荷花神是中国古代有名的美女西施。这一年，西施所在的国家越国被吴国打败了。越王派人四处搜寻美女准备送给吴王，以涣散他的斗志。西施被万里挑一地选中后，被训练的非常出色。越王把西施送给吴王。果不其然，吴王为西施的美艳倾倒，整日吃喝玩乐，不再理国家大事，吴国越来越衰弱，最后被越国打败。被俘的吴王后悔至极，拔剑自杀了。后来，越王把西施接回越国，但王后十分嫉妒西施的美貌，把西施抓到江边绑上巨石沉入江底。民间传言西施并没有死，而是做了荷花神，居住于一个小岛上，每年采莲节时在湖边采莲的人能看到她。

（五）▶ 相关图片

五十八、郁金香

（一）▶ 简介

郁金香，百合科郁金香属多年生草本植物。鳞茎偏圆锥形，直径 2～3 厘米，外被淡黄至棕褐色皮膜，内有肉质鳞片 2～5 片。茎叶光滑，被白粉。叶 3～5 枚，带状披针形至卵状披针形，全缘并成波形，常有毛，其中 2～3 枚宽广而基生。花单生茎顶，大型，直立杯状，洋红、鲜黄至紫红色，基部具有墨紫斑，花被片 6 枚，离生，倒卵状长圆形，花期 3—5 月。蒴果室背开裂，种子扁平。

（二）▶ 起源及演变历程

郁金香原产地中海南北沿岸及中亚细亚和伊朗、土耳其、东至中国的东北地区等地，确切起源已难于考证，但现时多认为源于锡兰及地中海偏西南方向。郁金香野生原种是经过几百年人工杂交后产生的，后经丝绸之路传至中亚，又经中亚流入欧洲及世界各地。

（三）▶ 现状及对人类的影响

1. 现状

现今，郁金香已普遍栽植于全世界，其中以荷兰产的郁金香最为有名。

2. 对人类的影响

（1）观赏价值

郁金香是世界著名的球根花卉，还是优良的切花品种。花卉刚劲挺拔，叶色素雅秀丽，荷花似的花朵端庄动人，惹人喜爱。在欧美视为胜利和美好的象征，荷兰、伊朗、土耳其等许多国家珍为国花。郁金香花花色繁多，色彩丰润、艳丽，适合点缀庭院和盆栽。

（2）药用价值

郁金香花和叶中含一种有毒生物碱，对枯草杆菌有一定的抑制作用；郁金香汁对金黄色葡萄球菌有抗菌作用。

（3）文化价值

早在1300多年前，我国唐代大诗人李白就留下了"兰陵美酒郁金香，玉碗盛来琥珀光"的诗句。郁金香被誉为"世界花后"。在荷兰，定为国花，与风车、奶酪、木鞋被称为"四大国宝"。此外，郁金香还是土耳其、匈牙利和伊朗的国花。郁金香被赋予很多美好的花语和崇高的精神，以此来鼓舞和激励着人们。

（四）▶ 相关故事

郁金香泡沫源自17世纪荷兰的历史事件，被称为人类历史上有记载的最早的投机活动。17世纪前半期，由于郁金香被引种到欧洲的时间较短，数量非常有限，因此价格极其昂贵。1608年，就有法国人用价值3万法郎的珠宝去换取一颗郁金香球茎。不过，与荷兰比起来，这一切都显得微不足道。

郁金香于1593年传入荷兰后，一些机敏的投机商就开始大量囤积郁金香球茎以待价格上涨。不久，在舆论的鼓吹之下，人们开始竞相抢购郁金香球茎。1634年，炒买郁金香蔓延为荷兰的全民运动。当时一朵的郁金香花根不到一个月后就升值了20倍。1636年，一株稀有品种的郁金香竟然达到了与一辆马车、几匹马等值的地步。有的人变卖家产，只为购买一株郁金香。为了方便郁金香交易，1639年阿姆斯特丹的证券交易所内开设了固定的交易市场。正如当时一位历史学家所描述的："谁都相信，郁金香热将永远持续下去，世界各地的有钱人都会向荷兰发出订单，无论什么样的价格都会有人付账。……无论是贵族、市民、农民，还是工匠、船夫、随从、伙计，甚至是扫烟囱的工人和旧衣服店里的老妇，都加入了郁金香的投机。"1637年，郁金香的价格已经涨到了骇人听闻的水平。一株名为"永远的奥古斯都"的郁金香售价高达6700荷兰盾，这笔钱在当时足以买下阿姆斯特丹运河边的一幢豪宅，而当时荷兰人的年平均收入只有150荷兰盾。

就当人们沉浸在郁金香狂热中时，卖方突然大量抛售，一时间公众开始陷入恐慌。郁金香市场在 1637 年 2 月 4 日突然崩溃。郁金香球茎的价格一夜之间一泻千里。一周后，郁金香的价格已跌至谷底，普通的郁金香品种甚至不如一颗洋葱的价钱。人们纷纷涌向法院，希望能够借助法律的力量挽回损失。但在 1637 年 4 月，荷兰政府决定终止所有合同，禁止投机式的郁金香交易。自此，这次历史上空前的经济泡沫彻底被击破了。

（五）▶ 相关图片

五十九、蜡　梅

（一）▶ 简介

蜡梅，蜡梅科蜡梅属植物，别名然黄梅、黄梅花、腊梅。落叶灌木，高4米左右，单叶对生，叶片纸质至近革质，椭圆状卵形或卵状披针形，先端渐尖，基部圆形或楔形，长7～15厘米，全缘，表面粗糙。两性花，单生于一年生枝叶腋，花梗极短，被黄色，带蜡质，具芳香，12月至次年3月开花。于隆冬时节开出黄色花朵，观赏价值极高。

（二）▶ 起源及演变历程

蜡梅为我国原产植物。根据研究人员对蜡梅科植物的系统发育和分布规律的研究，结合古地理和古气候资料认为：我国秦岭以南，横断山脉以东为蜡梅科植物的现代分布中心。研究人员推测蜡梅可能是多地、多次的起源。我国东部为现代栽培蜡梅的一个可能起源地；西南地区为现代栽培蜡梅的另一个可能起源地。这一结果与蜡梅现在的栽培中心结果相吻合。江西省抚州市、湖南省湘潭市和安徽省合肥市的栽培群体的地理位置位于西部重庆市和东部浙江省之间的我国中部地区，具有多个单倍型，包括特有单倍型。该地区是否存在另外的野生群体，还有待研究。

（三）▶ 现状及对人类的影响

1. 现状

在我国，蜡梅野生于山东省、江苏省、安徽省、浙江省、福建省、江西省、湖南省、湖北省、河南省、陕西省、四川省、贵州省、云南省等地；广西壮族自治区、广东省等地均有栽培。日本、朝鲜和欧洲、美洲国家均有引种栽培。

2. 对人类的影响

（1）观赏价值

蜡梅在百花凋零的隆冬绽蕾，斗寒傲霜。它利于庭院栽植，又适作古桩盆景和插花与造型艺术，是冬季赏花的理想名贵花木。蜡梅还被广泛应用于城乡园林建设。

（2）药用价值

蜡梅具有解暑生津、顺气止咳之功效。明代李时珍在《本草纲目》中有："蜡梅花味甘、微苦、采花炸熟，水浸淘净，油盐调食"。蜡梅花还是制高级花茶的香花之一，也能用于提炼高级香料。蜡梅果实古称土巴豆，有毒，可以做泻药，不可误食。

（3）文化价值

据王世懋《学圃余疏》考证，王安石曾写有咏蜡梅（黄梅）的诗。后来，在宋哲宗元祐年间（1086—1094），一代文豪苏东坡和黄山谷，因见黄梅花似蜜蜡，遂将它命名为"蜡梅"，说它"香气似梅，类女工捻蜡所成，因谓蜡梅"。由此，蜡梅名噪一时，鼎盛于京师。后来诗家在咏蜡梅诗中，常在"蜡"字上下功夫做文章。如"蝶采花成蜡，还将蜡染花"等。

蜡梅是我国特产的传统名贵观赏花木，有着悠久的栽培历史和丰富的蜡梅文化。唐代诗人李商隐称蜡梅为寒梅，有"知访寒梅过野塘"句。宋代姚宽在《姚氏残语》中又称蜡梅为寒客。蜡梅花开春前，为百花之先，特别是虎蹄梅，农历十月即放花，故人称早梅。蜡梅先花后叶，花与叶不相见，花开之时枝干枯瘦，故又名干枝梅。蜡梅花开之日多是瑞雪飞扬，欲赏蜡梅，待雪后，踏雪而至，故又名雪梅、冬梅。

（四）相关故事

相传原来的蜡梅并无花香。西周时期鄢国（在今河南省鄢陵县西北）的国君很喜欢蜡梅花，但又嫌它不香，便下令花匠限期须让蜡梅吐香，否则的话就将他们全部处死。正在花匠们束手无策时，一位姓姚的乞丐带来几枝臭梅嫁接在了黄梅上。过了一段时间，蜡梅开花了，从花苞发出了阵阵清香。国君龙颜大悦，立即下令把姓姚的乞丐召到花园当了花匠。后来鄢国被郑国所灭，战后的宫廷变成了一片废墟，但花园被保留了下来，成了姚家村，专门种养蜡梅。[①]

（五）▶ 相关图片

———————
① 佚名. 腊梅与蜡梅［EB/OL］.（2017–12–15）［2021–11–10］. https://www.shancaoxiang.com/zhishi/201712151092.html.

六十、菊　花

（一） 简介

菊花，菊科菊属多年生宿根草本植物。菊花高 60 ~ 150 厘米。茎直立，分枝或不分枝，被柔毛。培育的品种极多，头状花序多变化，形色各异，形状因品种而有单瓣、平瓣、匙瓣等多种类型，管状花常全部特化成各式舌状花，雄蕊、雌蕊和果实多不发育。花期 9—11 月。

菊花是中国十大名花之一、花中四君子（梅、兰、竹、菊）之一，也是世界四大切花（菊花、月季、康乃馨、唐菖蒲）之一，产量居首。

（二） 起源及演变历程

关于菊花的起源，说法虽颇多，但国际上的专家都普遍认为菊花的种源在中国。菊花是经长期人工选择培育的名贵观赏花卉。主要由安徽省、湖北省、河南省等地长期人工选择以及天然种间杂交中的一些特殊变异类型而来。毛华菊和野菊是原始菊花的基本杂交亲本，紫花野菊和甘菊等随后也在不同程度上参与了起源过程。

8 世纪前后，作为观赏的菊花由中国传至日本。17 世纪末叶荷兰商人将中国菊花引入欧洲，18 世纪传入法国，19 世纪中期引入北美。此后，中国菊花遍及全球。

（三） 现状及对人类的影响

1. 现状

菊花遍布中国各城镇与农村，尤以北京市、江苏省南京市、上海市等众多大中城市为盛。8世纪前后，作为观赏的菊花由中国传至日本后被推崇为日本国徽的图样。

2.对人类的影响

（1）药用价值

我国野菊花资源非常丰富，但绝大部分未被开发利用。野菊花具有广谱抗菌、抗病毒和抗氧化等作用，且不良反应小、作用温和持久，具有较高的药用价值。野菊花色泽金黄，芳香甘醇，制成的饮料具有生津止渴、清热、解毒等功效，是四季皆宜的健康饮品。野菊花黄色素也可用作食品添加剂。野菊花在药品、食品、保健品和化妆品等多领域具有较大开发潜力。

（2）观赏价值

菊花生长旺盛，萌发力强，一株菊花经多次摘心可以分生出上千个花蕾，有些品种的枝条柔软且多，便于组成菊塔、菊桥、菊篱、菊亭、菊门、菊球等形式精美的造型，又可培植成大立菊、悬崖菊、十样锦、盆景等，形式多变，蔚为奇观，为每年的菊展增添了无数的观赏艺术品。

（3）文化价值

赏菊一直是中国民间长期流传的习惯，远从古代的京都帝王宫廷、官宦门第和庶民百姓，近至当今中国各城市的普通人，每年都会参加秋天的举行菊花会、菊展等各种形式的赏菊活动。如北京植物园每年秋季都会举办赏菊活动。广东省中山市小榄镇菊花会始办于宋代末年，至今已有700多年的历史，是中国延续年代最久、规模最大的菊会，人数最多时可达100万人次。

因菊花具有清寒傲雪的品格，便有了陶渊明的"采菊东篱下，悠然见南山"的名句。中国人有重阳节赏菊和饮菊花酒的习俗。唐代孟浩然在《过故人庄》中描述："待到重阳日，还来就菊花。"在古神话传说中菊花还被赋予了吉祥、长寿的含义。

（四）▶ 相关故事

相传早在2000多年前，南阳郡郦县（今河南省南阳市内乡县）有个名为甘谷的小村庄。小村庄依山谷而建。谷中泉水非常甜美，山上盛开着许多的菊花。一股山泉从山上流下，流经菊花丛时，菊花的花瓣散落水中顺流而下，使得山泉水也有了菊花的清香。甘谷村的三十多户人家都饮用这山泉水，一般都能活到一百三十岁左右，最少也有七八十岁。于是，在汉武帝时期，皇宫内每到重阳节便有了饮菊花酒的习俗，只因其"令人长寿"。①

（五） 相关图片

① 张涛静. 降压良品：菊花［J］. 糖尿病之友，2008（12）：53.

六十一、桂　花

（一）　简介

桂花，木樨科木樨属常绿灌木或小乔木。叶对生，多呈椭圆或长椭圆形；叶面光滑，革质；叶边缘有锯齿。秋季开花，花簇生于叶腋，有乳白、黄、橙红等色，极芳香。核果成熟后为紫黑色。

（二）　起源及演变历程

桂花原产于中国，据早期文献记载起源于喜马拉雅山脉东段，即云南省、四川省和贵州省等地。Green（1958 年）在研究中也指出"不过可以肯定，（桂花）应属于中国喜马拉雅地区的植物，即中国西南、东喜马拉雅或许延伸到泰国北部山区"。然而，随着近年来野外调查的深入，野生种群陆续在湖南省、福建省、浙江省、江西省、广西壮族自治区等地被发现，关于野生桂花自然分布的问题需要重新审视并通过实地调查加以考证。

我国早在春秋战国时期就有"桂"的记载，如《山海经》有"南山经之首曰鹊山，其首曰招摇之山，临于西海之上，多桂……西南三百八十里，曰皋涂之山，其山多桂木。"屈原《九歌》有"援北斗兮酌桂浆，辛夷车兮结桂旗。"但由于桂花与樟科肉桂类植物形态上相似，仅从记载上很难得出当时所称的"桂"即指桂花的结论，但是秦汉间的古籍记载的"桂"应当包括了现代的桂花。《西京杂记》提到汉武帝初修上林苑，群臣所献奇花异木 2000 余种，其中有"月桂"10株；而《三辅黄图》记载，汉元鼎六年（公元前 11 年），汉武帝破南越后在上林苑中兴建扶荔宫，以植所得奇草异木，其中有桂 100（本）。由此可见，桂花在汉朝已植于皇家宫苑。其后，许多诗词歌赋、地方志等多次提及"桂""桂花""月桂""木犀"等，如唐代李德裕《平泉山居草木记》载有"剡溪之红桂……中山之月桂……曲阿山之山桂。"明代王世懋《闽部疏》中"福南四郡桂皆四季花，而反盛于冬，凡桂四季者有子，唐诗所云，桂子月中落，此真桂也。江南桂八九月盛开，无子，此木犀也"提到今福建省的桂花为四季桂。

虽然关于桂花的记载由来已久，但是，直到明清时期才有桂花品种名称的记载。王世懋《学圃杂疏》中有"木犀吾地为盛，天香无比，然须种早黄、子二种。不惟早黄七月中开，子花密为盛，既香亦馥郁异常；丹桂香减矣；以色稍存之，余皆勿植；又有一种四季开花而结实者，此真桂也，闽中最多。常以春中盛开，吾地亦间有之。"记载了早黄、子等品种。此后，银桂、金桂、丹桂、四季桂、月月桂等桂花类别的名称渐被广泛应用，如陈淏子《花镜》中有"桂……花甚香甜，小而四出或重台，亦不易得。其种不一，白名银桂，黄名金桂，能著子。红名丹桂，不甚香。又有四季桂、月桂，闽中最多，叶如锯齿而纹粗，花繁而浓香者，俗呼为子木犀。花时凡三放，为桂中第一。"再次提到"子"这个品种。

（三）▶ 现状及对人类的影响

1. 现状

目前，桂花广泛栽种于我国淮河流域及以南地区，北可抵黄河下游，南可至两广、海南等。

2. 对人类的影响

（1）药食同用

从桂花中提取芳香油，制桂花浸膏，可用于食品、化妆品。桂花可制作糕点如糯米桂花藕、桂花黄林酥、桂花糕、桂花紫薯糯米饭、桂花奶豆腐等。桂花味辛，可以花、果实及根入药。桂花酒酒香甜醇厚，有开胃醒神、健脾补虚的功效。桂花茶可养颜美容，舒缓喉咙，改善多痰、咳嗽症状。

（2）用材

桂树的木材材质致密，纹理美观，不易炸裂，刨面光洁，是良好的雕刻用材。

（3）观赏价值

桂花的绿化效果好，成林速度快，栽植当年既能发挥较好的作用。但是在北方栽植耐寒性一般，冬季需要特殊保护才能安然越冬。

（4）文化价值

桂花树终年枝叶繁茂，香气浓郁，花香独特，历来深受文人墨客的喜爱，如唐代李贺的"联翩桂花坠秋月"，白居易的"山寺月中寻桂子"，李商隐的"昨夜西池凉露满，桂花吹断月中香"；宋代杨万里的"不是人间种，移从月中来"等。对于桂花的香，宋代李清照称赞桂花为"自是花中第一流"，洪适赞它："共道幽香闻十里，绝知芳誉亘千乡。"

（四）▶ 相关故事

传说很久很久以前，咸宁发生了一场大瘟疫，死了很多人，人们用尽各种办法都不见效果。挂榜山下住着一个孝顺的小伙子吴刚，他母亲也因疫情卧床不起，吴刚每天都要上山采药给母亲治病。

一天，观音东游归来路过挂榜山，见吴刚在峭壁上采药，被他的孝心感动。于是，晚上托梦给吴刚说，月宫中有株桂花树，开着金黄色的小花，用它泡水喝可以治瘟疫。挂榜山上每年八月十五有天梯可到月宫。可上到挂榜山顶要过七道深涧、上七处绝壁悬岩，最少也需要七天七夜，那天已经是八月十二了。但吴刚还是克服种种困难、历尽千辛万苦，终于在八月十五晚上登上了挂榜山顶赶上了通向月宫的天梯。八月正是桂花飘香的时节，吴刚顺着香气来到桂花树下，看到满树金黄。他想，怎么才能多摘些花回去救母亲、救乡亲？后来，他摇动桂花树的枝条，让桂花纷纷飘落，掉到了挂榜山下的河中，顿时，河面清香扑鼻，河水被染成了金黄色。人们喝了这河水，疫病全都好了，于是就给这条河取名为金水，后来，又在金字旁边加上三点水，取名"淦河"。

八月十五这天晚上正是天宫的神仙们八月十五大集会，人间的桂花的香气冲到天上，惊动了神仙们，于是玉帝派人调查。差官到月宫一看，见月宫神树、定宫之宝桂花树上的桂花全部没有了，都落到了人间的"淦河"里，就报告玉帝。玉帝一听大怒。就派天兵天将将吴刚抓到了天庭审问。吴刚把发生的事告诉了玉帝。玉帝对这个年轻人很是敬佩，但吴刚毕竟是犯了天规，不惩罚他不能树威信。玉帝就问吴刚有什么要求，吴刚说他想把桂花树带到人间去救苦救难。玉帝想了一个主意，既可惩罚吴刚，又可答应吴刚的要求，他说："只要你把桂花砍倒，你就拿去吧"。吴刚就找来大斧想快速砍倒大树，谁知玉帝施了法术，让这桂花树砍一刀就长一刀。就这样，吴刚长年累月地砍，砍了几千年。吴刚在月宫思乡心切，于是每年的中秋之夜都丢下一支桂花到挂榜山上，以寄托思乡之情，年复一年，于是挂榜山上都长满了桂花，乡亲们就用这桂花泡茶喝，咸宁再也没有了灾难。①

（五）　相关图片

① 佚名. 桂花的民间故事［EB/OL］.（2017–05–23）［2021–11–10］. https://www.xuexila. com/lishi/gushi/minjian/14852.html.

主要参考文献

［1］卞车济. 郁金香泡沫［J］. 深交所，2007（7）：46-48.

［2］李凯，周宁，李赫宇. 牡丹花、牡丹籽成分与功能研究进展［J］. 食品研究与开发，2012，33（3）：228-229.

［3］伍春贤，刘海涛. 我国牡丹栽培的历史［J］. 花卉，2015（2）：28-29.

［4］刘欣. 玫瑰精油微乳液制备及特性研究［D］. 无锡：江南大学. 2017.

［5］魏勇，刘传珍，刘荣，等. 玫瑰花的经济效益，优良品种及栽培技术［J］. 种子世界，2005（12）：34-35.

［6］钟鑫. 从城市植物园的兰展说起：漫谈兰花文化和自然史［J］. 园林，2017（8）：68-71.

［7］赵九州. 兰花的观赏特性及其装饰应用［J］. 北方园艺，2005，160（1）：33-34.

［8］张若蕙，沈湘林. 蜡梅科的分类及地理分布与演化［J］. 北京林业大学学报，1999，21（3）：7.

［9］张敏，朱忠华. 蜡梅（腊梅）的名实考证［J］. 2017，11（5）：2717-2719.

［10］赵秀玲. 野菊花的功效因子、保健作用及其开发利用的研究进展［J］. 食品工业科技，2012（6）：429-431.

［11］陈庆蕾，武朝菊. 荷花的利用价值分析［J］. 中国果菜，2019（1）：43-45.

［12］黄三秀，吴雪，刘蕊，等. 我国荷花种质资源的开发与利用［J］. 安徽农学通报，2011（4）：147.

［13］石胜友，梁国鲁，成明昊，等. 变叶海棠起源的 AELP 分析［J］. 园艺学报，2005（10）：802-803.

［14］董莉娜，刘演，许为斌，等. 广西秋海棠属植物的药用资源［J］. 西北师范大学学报，2015（8）：67-71.

［15］庄平. 中国杜鹃花属植物地理分布型及其成因的探讨［J］. 广西植物，2012（3）：151-154.

［16］冯志舟. 杜鹃花的药用价值［J］. 维普资讯，2000（4）：21.

［17］张昕. 百合的功效与作用［J］. 吉林蔬菜，2017（5）：33.

［18］李玉萍，龚妍春，吴光杰，等. 百合属植物资源的分布·利用价值及其开发前景展望［A］. 安徽农业科学，2010（3）：3396.

［19］李金鹏，郑春雨，刘井莉. 百合属植物的研究进展［J］. 北方园艺，2013（7）：197-200.

［20］李烨，李秉滔. 蜡梅科植物的起源演化及其分布［J］. 广西植物，2006，20（4）：295-300.

［21］卢毅军. 蜡梅属系统发育及蜡梅栽培起源研究［D］. 杭州：浙江大学，2013.

第七章

真 菌

六十二、灵 芝

（一） 简介

灵芝，又称为瑞草、神芝、仙草、瑶草、还阳草、林中灵、菌灵芝、万年蕈、灵草、赤芝、丹芝、琼珍等，是一种多孔菌科真菌。灵芝的子实体外形呈伞状，菌盖肾形、半圆形或近圆形。

（二） 起源及演变历程

灵芝在我国已有 2000 多年的药用历史，被历代医药学家视为滋补强壮、扶正固本的神奇珍品。古籍记载，芝类药用始载于《神农本草经》，根据芝的颜色不同，将芝类分成赤芝、黑芝、青芝、白芝、黄芝、紫芝 6 种。《神农本草经》还记载："紫芝味甘温，主耳聋，利关节，保神益精，坚筋骨，好颜色，久服轻身不老延年。"《本草纲目》："疗虚劳。"

（三） 现状及对人类的影响

1. 现状

灵芝在我国普遍分布，浙江省、贵州省、黑龙江省、广东省、广西壮族自治区及河北省等地均有部分产量。欧洲、美洲、非洲、亚洲东部也有产量。灵芝又称林中灵，以林中生长的为最佳，药效最高。目前，也有人工大棚种植的，主要生长在较湿润的地方。温度是影响灵芝生长的主要因素。

2. 对人类的影响

（1）药用价值

灵芝味甘性平，入心经，能补心血、益心气、安心神；入肺经，可补益肺气，温肺化痰，止咳平喘。灵芝对中枢神经系统、心血管系统、抗血小板聚集及抗血栓、呼吸系统有一定功效。对代谢和内分泌功能、调节肝脏功能、抗氧化、延缓衰老、抗炎、抗肿瘤、免疫调节等有一定功效。

（2）食用价值

灵芝可与多种食物共用。它含有丰富的多糖和灵芝总三萜，及多种微量元素；在不破坏灵芝天然活性的萃取后，蕴含于其中的大部分精华能释放出来，从而被人体吸收利用。

（3）文化价值

灵芝是一种具有良好保健效果的药用真菌，在亚洲地区还被视为吉祥之物、长寿的象征，故有"瑞草"之美称。

（四）相关故事

战国时代，《山海经》里就有炎帝之女瑶姬不幸夭折化为瑶草的故事。楚国诗人宋玉在《高唐赋》中还将其夸张为人神相恋的爱情故事，其中的"巫山神女"就是瑶姬。以至于后人有"帝之季女，名曰瑶姬。未行而亡，封于巫山之台。精魂为草，实曰灵芝"之说。

关于灵芝最广为流传的故事应该要属《白蛇传》中白娘子只身前往峨眉山盗仙草，以救夫君许仙的故事。白娘子历经艰辛和无数危险，终于感动了南极仙翁，取回了能"起死回生"的仙草灵芝。灵芝作为仙草能使人升仙、长生不老的说法就是这么被流传下来的吧。

（五）相关图片

六十三、冬虫夏草

（一）▶ 简介

冬虫夏草，别称冬虫草，是冬虫夏草菌和蝙蝠蛾科幼虫的复合体，冬天是虫子，夏天从虫子里长出"草"来。干品虫体似蚕，长3～5厘米，直径3～8毫米，表面深棕黄色至黄棕色，有环纹20～30个，近头部的环纹较细；头部红棕色，足8对，中部4对较明显；质脆，易折断，断面略平坦，淡黄白色。菌子座单生，细长圆柱形，长4～7厘米，直径约3毫米；表面深棕色至棕褐色，有细纵皱纹，上部稍膨大，头部与柄无明显区别；质柔韧，断面类白色。气微腥，味淡。

（二）▶ 起源及演变历程

早在8世纪，随同唐代金城公主入藏编译的《月王药诊》中已用"雅扎贡布"这个名字载入冬虫夏草（雅是夏，扎是草，贡是冬，布是虫）。冬虫夏草是常用中药，由于交通不便，当时并未传播开来。直到清代名医吴仪洛的《本草从新》及赵学敏的《本草纲目拾遗》才有载入，无怪乎人们认为此药仅有200多年的应用历史。

明代中叶（1400—1465年），冬虫夏草从中国浙江传到日本，并在日本贵族中广泛食用。1723年，由欧洲的传教士尚加特利茨库把从中国西北采到的冬虫夏草带到法国，由Reaumur在法国科学院的学士大会做了介绍，并登在会议纪要中。1943年，Berkeley鉴定了中国的冬虫夏草，正式定名为中国虫草（*Sphaeri sienesis*）；1878年，由Saccardo归为虫草属（*Cordyceps*）。至此，冬虫夏草的研究在国外引起重视，中国虫草也开始驰名于世。

1. 现状

冬虫夏草在我国主要产于青海省、西藏自治区、四川省、云南省、甘肃省五省（区）的高寒地带和雪山草原。日本、新西兰、澳大利亚也产。

2. 对人类的影响

（1）药用价值

冬虫夏草品甘平，为平补肺肾之佳品，具补肾益肺、止血化痰、止咳平喘之功效，尤为劳嗽痰血者多用。

（2）文化价值

《聊斋志异外集》中说道："冬虫夏草名符实，变化生成一气通。一物即能兼动植，世间物理信难穷。"

《文房肆考》记载：在桐乡乌镇有位孔欲堂先生的弟弟，体虚弱，虚汗大泄，盛夏帐中仍畏风甚，病历 3 年，病重不能起床。后用虫草 3 斤，逐日和荤蔬作肴炖食而愈。

《青藏高原药物图鉴》云：虫草强壮滋补，治肺结核、老人衰而咳嗽、贫血虚弱、神经性胃炎、呕吐反胃、食欲缺乏，老人胃寒等症。

清代道光年间的《植物名实图考》记载：按此草两广有之，根如蚕，叶似初生茅草，羊城中采为馔，云鲜美。

《柑园小识》中的"虫草鸭"即将虫草纳入鸭肚内，佐料如常，扎好蒸烂，药气透贯全鸭，病人食之抵服人参一两。

在我国西藏自治区流传着一个关于冬虫夏草的美丽传说。

相传山神唐西拉为了帮助一位心地善良的王子躲避仇人的追杀，就把他变成了一条虫子，躲在泥土中，为了更好地伪装，还让他长出了一条草尾巴。当追捕的仇人离开后，躲在泥土中的王子顿悟了。他悟出了人生道理，看透了人世间的丑恶，决定不再返回人间，宁愿牺牲自己的身体来造福人类。唐西拉深受感动，为了帮助王子实现愿望，就在王子所变的虫体里注入一种仙药，人吃了以后百病不侵、延年益寿。

这则关于冬虫夏草的来历的故事只是一个传说而已，但反映出早期藏族先民淳朴的意识。从另一方面，说明了冬虫夏草的功效与作用很早就被藏族先民发现并受到推崇。[①]

（五）► 相关图片

---

① 侯堂云. 神奇的冬虫夏草［J］. 大自然探索，2007（9）：46–49.

六十四、松　茸

（一）▶ 简介

松茸是一种珍稀名贵食用菌，被誉为"菌中之王"，学名松口蘑，别名松蕈、合菌、台菌，可药用，在我国属二级濒危保护物种，隶属担子菌亚门。松茸子实体散生或群生。菌盖直径 5～20 厘米，扁半球形至近平展，白色，具黄褐色至栗褐色纤毛状鳞片；菌褶白色或稍带乳黄色，较密，弯生，不等长；菌柄较粗壮，长 6～14 厘米，粗 2～2.6 厘米；菌环以下具栗褐色纤毛状鳞片，基部稍膨大。孢子无色，光滑。

（二）▶ 起源及演变历程

松茸名称的由来历史悠久，最早源于我国。大约 7000 年前，松茸生于我国横断山脉的香格里拉原始森林中。到了宋哲宗元祐年间（1082—1094），唐慎微著《经史证类备急本草》业已启用，因该菌生于松林下，菌蕾如鹿茸，故名"松茸"。宋代陈仁玉著的《菌谱》中称此菌为"松蕈"；明代李时珍的《本草纲目》把松蕈列在香蕈条下，又称台蕈、合蕈；后经小林义雄考证，认为松蕈即松茸。相传 1945 年 8 月广岛原子弹袭击后，唯一存活的多细胞生物只有松茸，目前全世界都不可人工培植。

（三）▶ 现状及对人类的影响

1. 现状

松茸是亚洲地区的特有种，主要分布在日本、朝鲜半岛，中国青藏高原、东北三省、台湾省等地。四川省、西藏自治区、云南省等青藏高原一带是我国松茸的主要产地，产量以四川省为首，品质以西藏自治区为佳，名气以香格里拉最大。据悉，美国和欧洲国家也有松茸变种，但产量少、品质差。松茸好生长在寒温带海拔3500米以上、养分不多而且比较干燥的林地；一般在秋季生成，通常寄生于赤松、偃松、铁杉、日本铁杉的根部。

在对外生菌根菌的菌丝体鉴定方面，过去主要以菌根菌的形态和解剖结构为依据。但目前，松茸在人工条件下难以形成子实体；而且松茸及其近缘种在形态及解剖结构上非常相近，它们在分类上还没有明确的界定。随着分子生物学的发展，有些国家的学者已经把分子生物技术应用到松茸的菌丝鉴定及其分类的研究上，在研究松茸种内及种间的关系方面取得了一定的进展。

2.对人类的影响

（1）药用价值

松茸对提高免疫力，抗衰老、养颜，治疗糖尿病、心血管疾病等有一定的功效。可提高肠胃功能、保护肝脏，还具有抗辐射、抗细胞突变作用。

（2）食用价值

松茸的吃法很简单，只需要采用最朴素的烹饪方式便能完整地保留松茸的美味与营养。

（3）生态价值

松茸群可加强森林生态系统中松栎类共生植物的抗旱性和抗贫瘠性，扩大根系的吸收面积和延长根系的吸收时间。

（四）▶ 相关故事

相传很久很久以前，在海拔2000米以上的天山上生活着一群妙龄少女。她们白天登山采集高山奇宝，入夜在屋里载歌载舞，生活无忧无虑，犹如人间天堂。

这群少女中最美丽迷人的名叫雪莲。有一次，她发现雪山峭壁上开放一朵硕大奇美的鲜花，爱美的姑娘不顾一切地攀登上去采摘。不料，脚下一滑便从高山上直跌谷底昏死过去。不知过了多久，雪莲醒了过来，看到身边站着一位英俊少年，手里拿着那朵美丽的花和两株松茸。少年让她就着雪水嚼服了松茸后奇迹发生了。本已浑身瘫软无力的雪莲姑娘顿时感到增添了无穷的活力，立刻就站了起来。从此，"松茸能治百病救人"的故事传遍了高山脚下。那朵美丽的花被人们称为"雪莲"，松茸就视为最名贵的山珍。①

（五）▶ 相关图片

————————

① 延边广播电视台. 金秋时节收获多，松茸宝宝有话说！[EB/OL]. （2018–10–03）[2021–11–10]. https://baijiahao.baidu.com/s?id=1613263626766556562&wfr=spider&for=pc.

六十五、鸡 枞

（一）▶ 简介

鸡枞，是白蘑科菌类，又名鸡宗、鸡松、鸡脚菇、蚁枞等，是一种美味山珍，素有"菌中之王"的称谓。鸡枞肉肥硕壮实，质细丝白，味鲜甜脆嫩，清香可口，可与鸡肉媲美，故名"鸡枞"。子实体中等至大型，菌盖宽且表面光滑，顶部凸起呈斗笠形，灰褐色、浅土黄色、灰白色，长老后辐射状开裂。

（二）▶ 起源及演变历程

《黔书》记载："鸡㙡，七月生浅草中，初奋地则如笠，渐如盖，移暑纷披如鸡羽，故名鸡，以其从土出，故名㙡。""鸡㙡"一词在《本草纲目》及字典《玉篇》《正字通》等中有均有记载，即现代所说"鸡枞"。在自然条件下，鸡枞与白蚁营共生生活。与之共生的白蚁是大白蚁亚科的某些种，比较常见的土栖白蚁有黑翅土白蚁、云南土白蚁、黄蚁。

（三）▶ 现状及对人类的影响

1. 现状

鸡枞主要分布在我国西南、东南及台湾地区，生长的季节主要在6—8月，常见于针阔叶林中地上、荒地上和乱坟堆、玉米地中，基柄与白蚁巢相连，散生至群生。夏季高温高湿，白蚁窝上先长出小白球菌，之后形成鸡枞子实体。

2. 对人类的影响

（1）食用价值

鸡枞含人体所必需的蛋白质和脂肪，还含有各种维生素和钙、磷、核磺酸等物质。鸡枞的吃法很多，可以单料为菜，还能与蔬菜、鱼、肉及各种山珍海味搭配，无论炒、炸、腌、煎、拌、烩、烤、焖、清蒸或做汤，滋味都很鲜，可谓是菌中之冠。

（2）药用价值

鸡枞不仅味美，还是有名的药用菌。据《本草纲目》记载，鸡枞有益胃、清神、治痔的功效。现代医学研究发现，鸡枞中含有治疗糖尿病的有效成分，对降低血糖有明显的效果。

（四）　相关故事

故事一：在《中国汉字听写大会》年度总决赛上，"鸡枞菌"这个词，《咬文嚼字》编辑部认为第二回合的裁判是有误的。首先，荧屏上出现的答案"鸡枞菌"是错误的，正确的应该是"鸡㙡（zōng）菌"，小选手写的"鸡枞菌"应该判错。其次，主持人读的也是错的，"枞"应读"zōng"，而不是"cōng"。《咬文嚼字》编辑部解释说，鸡㙡菌是菌的一种，菌盖圆锥形，中央凸起，老熟时微黄，味道鲜美，是食用菌中的珍品之一。鸡㙡是俗称，古代典籍中一般就写作"㙡"。这种菌生长在泥土中，所以字从"土"，古时也称"土菌"。《玉篇·土部》："㙡，土菌也。"由于味美如鸡，所以俗称"鸡㙡"。《本草纲目》："谓鸡㙡，皆言其味似之也。"后来为表示植物类别加"菌"写成了"鸡㙡菌"。而"枞"有两个读音，一读"cōng"，木名，即冷杉；二读"zōng"，是地名用字，安徽省有枞阳县，都与食用菌无关。

对于节目组"木"字旁也能泛指"菌类"的解释意见，有人认为这种说法站不住脚。"首先从古至今，所有的辞书典籍里都是写成㙡。同时，'鸡枞菌'跟木头根本没有关系，因为这种菌类是长在土里，不像香菇、木耳一样长在木头上，所以这就是它为什么不能写成木字旁的最重要原因。"许多植物学家也肯定了这一说法。①

故事二：有人从《庄子》的"朝菌不知晦朔"里，推测早在2000多年明代熹宗朱由校最嗜鸡㙡了。只因鸡㙡娇嫩易变质，采后过夜便香味大减。为此，正

---

①　佚名.《咬文嚼字》杂志指"汉字听写"总决赛裁判有误［EB/OL］.（2013-11-08）［2021-11-10］. http://www.360doc.com/content/13/1108/21/6795100_327774241.shtml.

像唐明皇为使杨贵妃能吃到新鲜的南国佳果荔枝而令沿途驿站快马急递那样，他也每年由驿站用快马急送鸡枞菌到京城。不知是鸡枞菌稀罕难得，还是熹宗皇帝太偏爱此物，以至于连正宫娘娘也没有分享这一佳肴的福分。

（五）▶ 相关图片

六十六、木　耳

(一)　简介

木耳，又叫云耳、桑耳，是我国重要的食用菌，有广泛的自然分布和人工栽培区。木耳质地柔软，口感细嫩，味道鲜美，风味特殊，而且富含蛋白质、脂肪、糖类及多种维生素和矿物质，有很高的营养价值。现代营养学家盛赞其为"素中之荤"。

(二)　起源及演变历程

我国拥有悠久的木耳栽培史，自古以来就是木耳的主要生产国。古人对木耳已经有一定的研究，早在秦朝的时候就有记录木耳的描述。古人除了食用木耳，还会入药，是一味重要的中药。中国古代十分讲究药食同源，在《齐民要术》里面就已经记载有其食用方法，到了清代，在云和、景宁两个地区设置了木耳的种植产区。这两个地区直到现在还是木耳的主要生产基地。

(三)　现状及对人类的影响

1. 现状

我国是木耳主要生产国，产区主要分布在吉林省、黑龙江省、辽宁省、内蒙古自治区、广西壮族自治区、云南省、贵州省、四川省、湖北省、陕西省和浙江省等地。其中，黑龙江省牡丹江市的海林市、东宁市（2012年12月晋升为国家级木耳批发市场）和吉林省蛟河市黄松甸镇是中国最大的黑木耳生产基地。

2. 对人类的影响

据现代科学分析，每100克木耳中含有水11克、蛋白质10.6克、脂肪0.2克、糖分 65 克、纤维素 7 克、铁 185 毫克、钙 375 毫克、磷 201 毫克。此外，还含有 B 族维生素、维生素 C 和胡萝卜素等。因此，木耳是一种营养丰富、滋味鲜美的副食品，并且有很好的医疗和药物作用。

（四） 相关故事

相传在很久以前，人们并不食用木耳，大丛大丛的木耳长在山间却无人问津。甚至一些人将这种生长在木头上的黑色的耳状物称为"森林的耳朵"，说如果有人做了对森林不敬的事，都能被它听见，这个人便会得到报应。就这样，年复一年，人们都不敢去触碰这些"耳朵"。

山下村子里住着附近十里八乡唯一一位郎中。他经常要进山采草药，以此来给村民治病。这天，他要进山采的一味草药与平时不同。这种草药只有深山才有。为了治疗村民的疾病，他不在意山中路途惊险，注意力都放在了寻找药物上，并没有注意自己走向了哪里。慢慢地，他走进了大山深处。待郎中终于找到了所需要的草药时，才发现自己已经迷路了，顿时开始着急起来。他摸索着下山，但上山之前没有带够干粮，四周也没有什么果树，看着满眼长在树干、枯木、腐木上的黑色"耳朵"，他开始犹豫了。

突然，身边的草丛沙沙作响起来。他以为是什么猛兽，忙爬到了树上，结果发现是一头花鹿。只见这头花鹿怡然地吃着黑色的"耳朵"，最后还将一些咬烂了的"耳朵"敷在了自己的伤口上。这时，郎中才注意到它的伤口，只见附上这种黑色的"耳朵"后花鹿的伤口居然止住了血。待花鹿离开之后，郎中好奇地摘下了一朵尝试，味道微苦但有回味，便采了一些带回去。郎中后来发现，这种黑色的"耳朵"不但好吃，而且具有一定药性，并且初步验证了其止血的功效。他将这种"耳朵"推荐给村民。村民起初不敢吃，待尝试后均赞不绝口。从此，这种"耳朵"便在老百姓中得到了认可，因其生长于木头之上，便称为黑木耳。①

---

① 佚名. 关于长白山黑木耳的传说［EB/OL］.（2018-10-18）［2021-11-10］. https://www.912688.com/info/27518.html.

（五）▶ 相关图片

主要参考文献

［1］佚名. 6小时采一次的鸡枞菌［J］. 农家科技，2014（12）：28.

［2］张家荣. 云南味道［M］. 北京：生活·读书·新知三联书店，2015.

［3］周德生，喻嵘.《饮食须知》释义［M］. 余艳兰，冯进，译. 太原：山西科学技术出版社，2014.

［4］谭兴贵，廖泉清. 好药材就在菜市场［M］. 长沙：湖南科学技术出版社，2015.

［5］周光召. 加入WTO和中国科技与可持续发展：挑战与机遇、责任和对策［M］. 北京：中国科学技术出版社，2002.

［6］陈国良，陈惠，陈晓清. 灵芝治百病（修订本）［M］. 上海：上海科学技术文献出版社，1998.

［7］吴云，曾令奎. 灵芝的开发利用［J］. 中国食物与营养，2005（5）：24-26.

［8］张梦苑，陈炼红. 野生松茸加工与发展现状［J］. 食品工业，2015（8）：220-223.

［9］袁天凤，段彬，邱道持，等. 松茸的地理分布与生态研究［J］. 中国食用菌，2006（4）：14-17.

［10］方明，李玉，姚方杰，等. 松茸研究概况［J］. 中国食用菌，2005，24（6）：12-15.

［11］柴铁劬. 吃对食物调好体质［M］. 北京：中国纺织出版社，2016.

［12］鞍山市科学技术协会. 食用菌栽培技术［M］. 沈阳：沈阳出版社，2011.

［13］滕红丽，梅之南. 中国壮药资源名录［M］. 北京：中医古籍出版社，2014.

［14］董泽宏.《食疗本草》白话评析果蔬篇［M］. 北京：人民军医出版社，2015.

［15］南京中医药大学. 中药大辞典［M］. 2版. 上海：上海科学技术出版社，2014.

［16］马纲. 这样吃骨强健：预防骨质疏松菜谱［M］. 杭州：浙江科学技术出版社，2015.

［17］张平真. 蔬菜贮运保鲜及加工［M］. 北京：中国农业出版社，2002.

［18］苏爱国. 烹饪原料与加工工艺［M］. 重庆：重庆大学出版社，2015.

［19］翟善从. 女人的魅力与资本大全集［M］. 北京：中国华侨出版社，2013.

第八章

蔬 菜

六十七、菠　菜

（一）▶ 简介

菠菜，又名波斯菜、赤根菜、鹦鹉菜等，藜科菠菜属一年生草本植物，以绿叶为主要产品被人所熟知。株高可达 1 米（带花薹）；无粉；根圆锥状，带红色，较少为白色；茎直立，中空，脆弱多汁，不分枝或有少数分枝；叶戟形至卵形，鲜绿色，柔嫩多汁，稍有光泽，全缘或有少数牙齿状裂片。雄花集成球形团伞花序，再于枝和茎的上部排列成有间断的穗状圆锥花序；花被通常 4 片，丝形，扁平，花药不具附属物；胞果卵形或近圆形，直径约 2.5 毫米，两侧扁；果皮褐色。

（二）▶ 起源及演变历程

菠菜的源头可以追溯到 2000 多年前亚洲西部的波斯（今伊朗），并经北非，由摩尔人传到西班牙等国。我国最早的断代典制体史籍《唐会要》中明确记载：菠菜种子是唐太宗时从尼泊尔作为贡品传入中国的。印度以及尼泊尔东北部有 2 个菠菜的二倍体近缘种，为菠菜原始型。菠菜于 11 世纪传入西班牙，13 世纪在德国广泛种植，之后传到欧洲各国。后来，随着早期殖民地的产生传入美国，1806 年菠菜在美国开始广泛种植并计入美国种子目录。

菠菜传入中国的过程中，逐渐形成了 2 个不同的菠菜品种类型：有刺变种和无刺变种。有刺变种在我国栽培历史悠久，分布广泛，故又名"中国菠菜"。中国菠菜的主要特征为叶片薄而狭小，叶片光滑，叶柄细长，耐寒性强，耐热性较弱，春季长日照下易抽薹，适于秋播越冬栽培及秋季栽培。无刺变种大多叶片肥大，多皱褶且叶柄较短，与有刺变种相比，耐热性强而耐寒性较弱，且产量高，多用于春、秋两季栽培。菠菜主要以绿叶及嫩茎为食用器官。

1. 现状

菠菜是长日照作物，对日照强度要求不严，可与高秆作物间套作。菠菜叶面积大，组织柔嫩，对水分要求较高。水分充足，生长旺盛时肉厚、产量高、品质好。在高温长日照及干旱的条件下，营养生长受抑制，加速生殖生长，容易未熟抽薹。菠菜对土壤适应能力强，但仍以保水、保肥力强肥沃的土壤为好。菠菜不耐酸，适宜的土壤 pH 为 7.3 ~ 8.2。菠菜为叶菜，需要较多的氮肥及适当的磷、钾肥。菠菜现遍布世界各个角落，我国各地均有栽培。

2. 对人类的影响

（1）食用价值

菠菜营养价值高，被称为"营养模范生"，是人类 B 族维生素、类胡萝卜素、维生素 C、维生素 K、矿物质（钙质、铁质等）、辅酶 Q10 等多种营养素的来源。

（2）药用价值

中医认为，菠菜具养血、止血、敛阴、润燥之功效，可用于治衄血、便血、坏血病、消渴引饮、大便涩滞等。

（3）经济价值

菠菜已成为山东省出口冷冻蔬菜中的拳头产品，主要输往美国、日本等国家。这带来了新的经济增长点。

（四）　相关故事

来罐菠菜，吹两下烟斗，向坏人冲过去……多么熟悉的记忆！这就是动画片《大力水手》中轰动全世界的大力水手波七七。他号称人类历史上最伟大、最知名的航海水手，是不少人童年时美好的回忆之一。大力水手波派是个很有正义感的小伙子，可爱的女主角奥利弗经常遇到麻烦。但是，波派总能化险为夷、战胜强敌、维护正义，特别是吃了菠菜以后，马上变得更加强壮，举起卡车、坦克都不在话下。

（五） 相关图片

六十八、大白菜

(一) 简介

大白菜，十字花科芸薹属二年生草本。高可达 60 厘米，全株无毛。基生叶多数，大形，倒卵状长圆形至宽倒卵形，顶端圆钝，边缘皱缩，波状，叶柄白色，扁平。花鲜黄色，萼片长圆形或卵状披针形，直立，淡绿色至黄色；花瓣倒卵形。果梗开展或上升，种子球形，棕色。

(二) 起源及演变历程

大白菜原产我国，在我国有悠久的栽培历史。据考证，在我国新石器时期的陕西省西安市的半坡原始村落遗址中发现的白菜籽距今约有 6000 年。大白菜最早得名于汉代，称为"菘"，春秋战国时期已有人工栽培。南北朝时，大白菜是我国南方最常食用的蔬菜之一。唐代，出现了白菘、紫菘和牛肚菘等不同的品种。宋代陆佃的《埤雅》中说："菘性凌冬不凋，四时常见，有松之操，故其字会意，而本草以为耐霜雪也"。元代时，民间开始称为"白菜"。明代李时珍的《本草纲目》中记载："菘性凌冬晚凋，四时常见，有松之操，故曰菘。今俗之白菜，其色清白。"清康乾盛世年间，我国北方大白菜取代了小白菜，且产量超过南方。华北各省及山东省出产的大白菜开始沿京杭大运河销往江浙以至华南。鲁迅曾写道："大概是物以希（稀）为贵罢。北京的白菜运往浙江，便用红头绳系住菜根，倒挂在水果店头，尊为'胶菜'"。大白菜 19 世纪传入日本、欧美各国。

（三）▶ 现状及对人类的影响

1. 现状

大白菜原分布于我国华北，现各地广泛栽培。大白菜比较耐寒，喜好冷凉气候，不适于栽植在排水不良的黏土地上。大白菜种类很多，北方的大白菜有山东胶州大白菜、北京青白、东北大矮白菜、山西阳城大毛边等；南方的大白菜是由北方引种的，有乌金白、蚕白菜、鸡冠白、雪里青等优良品种。

2. 对人类的影响

（1）食用价值

大白菜富含维生素、膳食纤维和抗氧化物质，能促进肠道蠕动，帮助消化。而且，大白菜的维生素 C 含量高于苹果和梨，与柑橘类居于同一水平，且热量还要低得多。菜叶可供炒食、生食、盐腌、酱渍，外层脱落的菜叶尚可作饲料。由于大白菜具有产量高、耐贮运等优点，而且符合我国人民物美价廉的消费习惯，深受广大消费者喜爱，尤其是在我国北方大部分地区，大白菜仍是食用的主要蔬菜。

（2）文化价值

在民间俗称大白菜为"百姓之菜"。四季都能吃到的白菜，只有经过霜打后味道才特别鲜美。西晋张勃编撰的史书《吴录》中记载："陆逊催人种豆、菘。"唐代孟诜就在《食疗本草》中有过记述："菘菜，治消渴，和羊肉甚美。其冬月作菹，煮作羹食之，能消宿食，下气治嗽。"唐元和元年（806 年）后，韩愈、孟郊、卢仝在一次冬日的相聚中，品菘尝笋，煮酒论诗。韩愈更是欣然写下了"晚菘细切肥牛肚，新笋初尝嫩马蹄"的佳句盛赞"菘、笋"之美味。刘禹锡也有诗云："只恐鸣驺催上道，不容待得晚菘尝。"宋代范成大的诗《田园杂兴》中"拨雪挑来塌地菘，味如蜜藕更肥浓。朱门肉食无风味，只作寻常菜把供。"专门盛赞冬日白菜的美味。苏轼有言"白菘类羔豚，冒土出熊蹯。"

大白菜成为绘画、雕刻等工艺作品的例子更是不胜枚举，可见人们对它的喜爱。

（四） ▶ 相关故事

　　将大白菜称为"百菜之王"的是著名国画大师齐白石。齐老先生不但爱吃，更爱画，其中有一幅写意的大白菜图，画面上点缀着几颗鲜红的辣椒，并题句说："牡丹为花中之王，荔枝为百果之先，独不论白菜为蔬之王，何也。"

（五） ▶ 相关图片

六十九、番 茄

（一）▶ 简介

番茄，又称西红柿，茄科番茄属的一年生或多年生草本植物。株高 0.6 ~ 2 米，全体生黏质腺毛，有强烈气味，茎易倒伏；叶羽状复叶或羽状深裂；花序总梗长 2 ~ 5 厘米，常 3 ~ 7 朵花，花萼辐状，花冠辐状；浆果扁球状或近球状，肉质而多汁液；种子黄色。花果期在夏秋季。

（二）▶ 起源及演变历程

番茄起源于南美洲的安第斯山地带，在今天的秘鲁、厄瓜多尔、玻利维亚等地仍有大面积野生种的分布。

栽培番茄的祖先是樱桃番茄。在墨西哥被驯化以后，1523 年由墨西哥传到西班牙、葡萄牙，1550 年前后传入意大利，1575 年相继传到英国和中欧各国。这一时期，人们主要将番茄作为观赏植物，直至 18 世纪中叶始作食用栽培。1768 年，米勒首次对其做出植物学描述，进行分类和定名。17 世纪，番茄传入菲律宾，后传到其他亚洲国家。

中国栽培的番茄是从欧洲或东南亚传入的。开始，番茄在中国只是观赏植物。第一个记载番茄的文献见于明代赵崡的《植品》。书中提到，番茄是西洋传教士在稍早的万历年间带到中国来的。1621 年，王象晋的《群芳谱》又再次肯定了番茄的来源。清代汪灏在《广群芳谱》的果谱附录中有"番柿"："一名六月柿，茎似蒿。高四五尺，叶似艾，花似榴，一枝结五实或三四实。草本也，来自西番，故名"。到 20 世纪初，城市郊区始有栽培食用，从 20 世纪 50 年代初迅速发展，成为主要果菜之一。

（三）▶ 现状及对人类的影响

1. 现状

栽培番茄遍布我国大江南北。

我国加工番茄主要分布在新疆维吾尔自治区、内蒙古自治区和甘肃省。新疆维吾尔自治区地处北纬 37° 05′ ~ 47° 55′，光照强、日夜温差大、气候干燥、沙质土地资源十分丰富，加工番茄在北疆沿天山一带和南疆焉耆盆地得到广泛种植，具有质量好，病虫害少，固形物和红色素含量高等特点。2006 年，新疆维吾尔自治区西红柿种植面积已达规模，成为全国加工番茄种植面积最大的省区。

2. 对人类的影响

番茄营养丰富，具特殊风味。可生食、煮食、加工等。番茄内的苹果酸和柠檬酸等有机酸，有增加胃液酸度，帮助消化、调整胃肠功能的作用。番茄中含有果酸，能降低胆固醇的含量，对调治高脂血症很有益处。番茄富含维生素 C、维生素 B_1、维生素 B_2 以及胡萝卜素和钙、磷、钾、镁、铁、锌、铜、碘等多种元素，还含有蛋白质、糖类、有机酸、纤维素。

（四）▶ 相关故事

番茄最早是生长在森林里的野生浆果。因色彩娇艳，美丽可爱而"有毒"的浆果被视为"狐狸的果实"，称之为"狼桃"，只用来观赏，无人敢食。到了 16 世纪，英国有位名叫俄罗达拉的公爵在南美洲旅游，很喜欢番茄这种观赏植物，于是如获至宝一般将之带回英国，作为礼物献给了伊丽莎白女王以表达爱意，从此，"爱情果""情人果"之名就广为流传了。但人们只把番茄种在庄园里，作为象征爱情的礼品赠送给爱人，过了一代又一代，仍没有人敢吃番茄。

到了 17 世纪，有一位法国画家曾多次描绘番茄。面对番茄这样美丽可爱而"有毒"的浆果，他实在抵挡不住诱惑，于是产生了亲口尝一尝是什么味道的念头。于是，他冒着生命危险吃了一个，觉得甜甜的、酸酸的、酸中有甜。然后，他躺到床上等着死神的光临。但一天过去了，他还躺在床上，鼓着眼睛对着天花板发愣。怎么回事？他吃了一个像毒蘑一样鲜红的番茄居然没死！他咂巴咂巴嘴，回想起咀嚼番茄那味道好极了的感觉，满面春风地把"番茄无毒可以吃"的消息告诉了朋友们。他们都惊呆了。不久，番茄无毒的新闻震动了西方，并迅速传遍了世界。

从那以后，上亿人均安心享受了这位"敢为天下先"的勇士冒死而带来的口福。后来，有人分析了番茄的成分，论证了它含有多种维生素，是营养极为丰富的食品，于是便把它从公园里挪出来，移进了菜园。到了 18 世纪，意大利厨师用番茄做成佳肴，色艳、味美，客人赞不绝口，番茄终于登上了餐桌。从此，番茄博得众人之爱，被誉为红色果、金苹果、红宝石、爱情果。[①]

（五）▶ 相关图片

---

① 佚名. 西红柿的植物文化［EB/OL］.（2021-03-04）［2021-11-10］. http://www.nryangzhi.com/w/56894.htm.

七十、萝　卜

(一) 简介

萝卜，十字花科萝卜属二年或一年生草本植物，高 20～100 厘米。直根肉质，长圆形、球形或圆锥形；外皮绿色、白色或红色。茎有分枝，无毛，稍具粉霜。总状花序顶生及腋生，花白色或粉红色。果梗长 1～1.5 厘米。花期 4—5 月，果期 5—6 月。萝卜根茎作为食用部分，种子、鲜根、枯根、叶皆入药，种子还可以榨油。

(二) 起源及演变历程

关于萝卜的起源有多种说法，现今一般认为起源于地中海东部，亚洲中、西部，原始种为生长在欧亚温暖地域的野生萝卜。萝卜在世界各国广泛种植，欧洲、美洲国家多产以小型萝卜，亚洲国家多产大型萝卜。瑞典著名的植物学家林奈在著作中曾明确指出，中国为萝卜的原产地。

我国栽培萝卜的历史悠久，早在 3000 多年前就已经开始，在《诗经》中有关于莱菔即萝卜最早的文字记载，"采葑采菲，无以下体"。《尔雅》《齐民要术》《唐本草》均有释义和记述。宋代苏颂著《本草图经》中提到莱菔"南北皆通有之"。说明在宋时，南北各地就已盛产萝卜。直到元代，王祯著《王祯农书》才被命名为萝卜，并一直沿用至今：老圃云，"萝卜一种而四名。春曰破地锥，夏曰夏生，秋曰萝卜，冬曰土酥。"一年四季的萝卜有不同的名字。萝卜作为食材在我国古人心中地位十分重要。王祯感慨："美者，生熟皆可食，腌藏腊豉，以助时馔，凶年亦可济饥，功用甚广，不可具述。其可不知所种哉！"

(三) 现状及对人类的影响

1.现状

萝卜产量高、耐储存，是我国极为重要的一种蔬菜品类。"冬吃萝卜，夏吃姜"，萝卜在我国蔬菜生产中占据重要地位，在北方是冬季及春季的重要补给供应蔬菜。

2.对人类的影响

（1）食用价值

萝卜的主要食用方法有鲜食、腌制、酱制等，与各种食材搭配，制作菜肴数不胜数。

（2）药用价值

萝卜富含糖分和多种维生素，能抑制黑色素合成，阻止脂肪氧化，防止脂肪沉积，有利于维持血管弹性。中医认为，萝卜性凉，味辛甘，无毒，入肺、胃经，能消积滞、化痰热、下气、宽中、解毒，治食积胀满、痰嗽失音、肺痨咯血、呕吐反酸等。

(四) 相关故事

萝卜一开始只是在百姓中流传食用，而贵族阶层较少食用。

据传武则天称帝后的一年秋天，洛阳东关长出一颗体型硕大的萝卜，大约三尺，上青下白，农民把它进献宫廷。武则天见了十分高兴，传旨厨师做菜。厨师自知用萝卜制作的菜肴要满足皇族的口味是难上加难，只得斟酌苦思，拿出浑身解数。他们对萝卜进行了多道精细加工，切成均匀细丝，并配以山珍海味，制成羹汤。武则天很是喜欢，赐萝卜"假燕窝"的称号，认为其味美独特，有燕窝风味。此后，王公大臣、皇亲国戚设宴均有"假燕窝"，萝卜登上了"大雅之堂"。①

---

① 佚名. 有关萝卜历史典故［EB/OL］.（2018–01–12）［2021–11–10］.https://www.unjs.com/z/494046.html.

（五）▶ 相关图片

七十一、茄　　子

（一）▶ 简介

　　茄子，茄科茄属植物。直立分枝草本至亚灌木，高可达 1 米，小枝、叶柄及花梗均被毛；小枝多为紫色（野生的往往有皮刺），渐老则被毛逐渐脱落。叶大，卵形至长圆状卵形，叶柄长 2 ~ 4.5 厘米。花单生，花冠辐射状，一般有白花、紫花。果的形状大小变异极大，卵形至长圆状卵形，颜色有白、红、紫等。

（二）▶ 起源及演变历程

　　包括德堪多等在内的许多学者都认为茄子起源于印度。我国学者认为，中国南方热带地区也可能是茄子的驯化起源地。我国西汉时已经栽培茄子。南北朝时，茄子成为我国长江下游地区常见的蔬菜。至唐宋时，茄子遍及全国。西晋嵇含撰写的植物学著作《南方草木状》有"华南一带有茄树"。宋代苏颂撰写的《图经本草》记述当时南北除有紫茄、白茄、水茄，江南一带还种有藤茄。

　　茄子自亚洲热带地区（包括印度和我国南方热带地区）起源后，通过古代商人的活动西传至中亚、欧洲、非洲和美洲。

（三）▶ 现状及对人类的影响

1.现状
茄子目前在我国南北各地均有种植。

2.对人类的影响

（1）食用价值

茄子果实最常见的颜色是紫色。茄子的类似海绵状吸水性果实，被广泛应用于烹饪菜肴。通过烹饪将油和香料吸收到茄子果肉之中，是茄子菜肴制作最受欢迎的方法。从植物学的角度来说茄子是浆果，但大众将其约定俗成地认为是蔬菜。茄子的产量高，市场广阔，经济效益显著，在生产规模上已由农村的一家一户零散栽培发展到大规模的商品化生产。

（2）药用价值

茄子营养丰富，含有蛋白质、脂肪、糖分、维生素以及钙、磷、铁等多种营养成分，尤其是紫色茄子中维生素含量更高。茄子能增强人体细胞间的黏着力，增强毛细血管的弹性，减低脆性及渗透性，防止微血管破裂出血，可以抑制消化道肿瘤细胞的增殖。中医认为，茄子味甘性寒，入脾胃、大肠经，具有清热活血化瘀、利尿消肿、宽肠之功效。明代李时珍在《本草纲目》一书中记载：茄子治寒热，五脏劳，治温疾。

（四）　相关故事

英语言国家的人常在照相时说"cheese"（奶酪）。1943年，《大春田先驱报》第一次在文献中提出说"cheese"会让人不自觉地露出微笑。后来这种说法就流传开来。在中文中，与"cheese"发音相似的词是"茄子"，所以很多人面对相机的时候经常会喊"茄子"，这时人们脸上都会出现嘴角上挑的微笑面容。

（五）　相关图片

七十二、青　菜

（一）▶ 简介

青菜又称苦菜，十字花科芸薹属一年或二年生草本植物的总称。叶色深绿色，有光泽，叶柄有或无窄边。在云南省，人们将"青菜叫苦菜"，视为"云南十八怪"之一。北方地区与云南省、贵州省、四川省叫作"青菜"的植物有所不同：北方叫"青菜"的是指青叶小白菜、油菜、青梗菜一类；而云南省、贵州省、四川省叫"青菜"的是绿叶蔬菜类，属于芥菜类，常做腌制类蔬菜、泡菜栽培。

（二）▶ 起源及演变历程

青菜起源于芸薹。"芸"古通"耘"，谓之除草。"薹"与"苔"不同："苔"是青苔，"薹"是植物的花茎。芸薹即"割取植物的花茎"之意。青菜原产亚洲，我国各省均有栽培。但在元代以前的古籍上并无明确的记载。迄今七八百年，从元代开始至明清，古籍关于结球大白菜的记述逐渐多起来。从两晋南北朝到元代，战乱动荡，难民迁徙，也因而带动了南北农作物的引种。十字花科蔬菜最易发生混合授粉的天然杂交，尤其青菜和芜菁的亲缘关系最近，基本染色体组相同，又是同期开花，最容易产生天然杂交，后代也能正常生长和繁殖。青菜适宜生长在土壤肥沃，土质松软、无病害的土壤上，需水量较大。

（三）▶ 现状及对人类的影响

1. 现状

随着国际贸易多边化的进一步发展，特别是我国加入WTO，更是给青菜产业的国际化和市场化带来了挑战，也带来了千载难逢的机遇。我国人口多，劳动力充足，适宜发展蔬菜生产这样的劳动密集型产业。在国际市场上，我国蔬菜价格竞争优势强，品种齐全。

2. 对人类的影响

青菜的营养物质主要包含矿物质、维生素、纤维等，通常水分含量高、膳食纤维少的青菜鲜嫩度较好，食用价值也较高。青菜中还有多种植物化学物质是被公认的对人体健康有益的成分，如类胡萝卜素、二丙烯化合物、甲基硫化合物等。许多青菜还含有独特的微量元素，对人体具有特殊的保健功效。青菜不仅是低糖、低盐、低脂的健康食物，同时还能有效地减轻环境污染对人体的损害。

（四）　相关故事

"三天不吃青，肚里冒火星。"这是一首流传在 20 世纪五六十年代江苏省南京市的口头禅。这里的"青"泛指青菜，"火"指的是"上火"。上火广为民间接受，中医认为人体阴阳失衡后，内火虚旺，自然就"冒出火星"。内火旺盛后，容易出现内热证候，使人体感不舒服，要防止"冒火星"，就是要防止内火旺盛。民间认为吃青菜能平衡内火，要去火就要少吃辛、辣、煎、炸等热性食品，多吃凉性的青菜。青菜有利胃通肠，消除内热证候的功效。在上海市和浙江省等地，三伏天里，同样也喜欢喝一碗青菜汤，而云南省有的地区烹制苦菜，直接洗净，放入清水中煮熟，尤其是天热时节，苦菜的苦味正是消暑、去火之用。

（五）　相关图片

主要参考文献

［1］中国科学院中国植物志编辑委员会. 中国植物志［M］. 北京：科学出版社，1999.

［2］李昕升，王思明. 近十年来美洲作物史研究综述（2004—2015）［J］. 中国社会经济史研究，2016（1）：99-107.

［3］张德纯. 蔬菜史话·萝卜［J］. 中国蔬菜，2012（13）：42.

［4］张德纯. 蔬菜史话·菠菜［J］. 中国蔬菜，2009（23）：15.

［5］丁晓蕾. 马铃薯在中国传播的技术及社会经济分析［J］. 中国农史，2005（3）：14-22.

［6］卢淑雯. 茄子的形态构造解剖描述［J］. 北方园艺，1997（3）：15-17.

［7］曹家树，曹寿椿. 大白菜起源的杂交验证初报［J］. 园艺学报，1995（1）：93-94.

［8］谭其猛. 试论大白菜品种的起源、分布和演化［J］. 中国农业科学，1979（4）：68-75.

［9］于爱芝，杨敏，张钊华. 番薯引入对明清人口的影响［J］. 华中农业大学学报（社会科学版），2020（4）：109-116，179.

［10］瞿剑. 中国科学家揭示番茄进化历史：由小变大从野生驯化而来［J］. 黑龙江科技信息，2014（29）：7.

［11］吴东根，洪美萍，徐立军，等. 蔬菜营养与人类健康应用研究［J］. 中国果菜，2008（02）：56.

第 九 章

植物饮料

七十三、茶

（一）▶ 简介

茶树，山茶科山茶属灌木或小乔木。株高 5 米，胸径 38 厘米，幼枝被毛或无毛。叶革质，长圆形或椭圆形。花 1~3 朵腋生，白色，花瓣 5~6 片，宽卵形，花柱顶端 3 裂。蒴果，球形，每室 1~2 种子。

茶叶是世界上三大无酒精饮料（可可、咖啡、茶）之一，栽培历史悠久，充满传奇和文化色彩，深受世界人民的喜爱。

（二）▶ 起源及演变历程

中国历史上有很长的饮茶记录。饮茶是我们中国人的首创。世界上其他地方的饮茶、种茶习惯都是直接或间接地从中国传过去的。

茶树原产于中国，这一向为世界所公认。古代的《神农本草经》记载，公元前 2700 年前，"神农尝百草，日遇七十二毒，得茶而解之"。780 年，唐代陆羽撰写《茶经》，成为世界上第一本专门描写茶叶的书，书中第一句就说茶是我国南方的"嘉木"。无论是绿茶、红茶、乌龙茶、龙井茶，所有茶叶都源于茶树的叶子或花芽，在所有茶树品类中，有两种得到了确认，第一种是处于中国茶文化核心地位的山茶，原产于中国西部，另一种是普洱茶，原产于中国云南省西南部。

中国饮茶起源众说纷纭，有的认为起于上古，有的认为起于周，起于秦汉、三国、南北朝、唐代的说法也都有。造成众说纷纭的主要原因是因唐代以前文献中无"茶"字而只有"荼"字的记载，直到《茶经》的作者陆羽，将"荼"字减一画而写成"茶"，因此有茶起源于唐代的说法。

（三） ▶ 现状及对人类的影响

1. 现状

野生种遍见于我国长江以南的山区，为小乔木状，叶片较大，常超过 10 厘米长，我国茶区分布区域辽阔，西自东经 94° 的西藏自治区的来村，东至东经 112° 的台湾省东海岸，南起北纬 18° 的海南省榆村，北起北纬 37° 的山东省莱城。

我国是茶的故乡，也是茶叶生产大国。近几年，我国茶叶生产快速发展，茶叶种植面积扩大，茶叶产量不断增长。数据显示，2013 年中国茶叶产量 192.4 万吨，到 2018 年增至 261.6 万吨。

2. 对人类的影响

（1）药用价值

茶叶中富含茶酚、磷儿茶素、维生素、黄酮类等物质，经常喝茶有益健康，如软化血管、抗菌、抗病毒、防龋齿、抗癌变，以及提神醒脑、清热解毒、明目、消滞、减肥之功效。

（2）文化价值

我国茶文化源远流长，博大精深，不但包含物质文化层面，还包含深厚的精神文明层次。诸如茶的历史文物、遗迹、茶书、茶画、各种名优茶、茶馆、茶具、茶歌舞和茶艺表演等不胜枚举。

山泉煎茶有怀

（唐）白居易

坐酌泠泠水，看煎瑟瑟尘。

无由持一碗，寄与爱茶人。

在云南省澜沧县景迈、芒景村有千年万亩人工栽培型古茶园。这些古茶树群落在葱茏的密林中，树型挺拔，枝叶茂密，生机盎然。古茶园内，原始森林巨树参天，超大面积的千年万亩人工栽培型古茶树天下无双，被称为世界奇迹。在古茶树上生长着各种奇花异草，如寄生植物螃蟹角等。696 年左右，布朗族的祖先帕岩冷说给后人，"留下什么给你们呢？留下金银，终有用完之时，留下牛马，也终会死亡。就留下茶叶给你们，可保布朗人代代有吃穿"。于是，他带领人们种下一山山茶树，这就是今天的景迈、芒景千年万亩古茶园。有词一首，以纪念之：

浪淘沙·景迈山

云雾绕山乡，景迈露浆，布朗少女采摘忙，茶祖英雄多少事，千载芬芳。

茗玉养安康，魂梦仙汤，蹄声古道去无疆，洗马河边留草苑，万里飘香。

（四）　相关故事

故事一：相传当年乾隆皇帝下江南，来到龙井村（位于今浙江省杭州市西湖区）附近狮子峰下的胡公庙休息，庙里的和尚便端上当地的名茶招待。乾隆精于茶道，一见那杯茶，不由得叫绝，只见洁白如玉的瓷碗中，片片嫩茶犹如雀舌，色泽墨绿，碧液中透出阵阵幽香。他品尝了一口，只觉得两颊生香，有说不出的妙处。于是，乾隆召见和尚，问道："此茶何名？产于何地？"和尚回答说是小庙所产的龙井茶。乾隆在庙门见胡公庙前碧绿如染，十八棵茶树嫩芽初发，青翠欲滴，周围群山起伏，宛若狮形。此时乾隆龙心大悦，茶名龙井，山名狮峰，都似乎预兆着他彪炳千秋的功业，况且十八又是个大吉大利的数字，而那茶又实在赏心悦目，甘醇爽口，于是乾隆当场封胡公庙前的十八棵茶树为"御茶"。从此，龙井茶因西湖龙井的传说而名声远扬。[①]

故事二：明洪武十八年，有一穷秀才丁显上京赶考，路过武夷山时病倒在路上，幸被天心庙老方丈看见，泡了一碗茶给他喝，结果病好了。后来，秀才金榜题名中了状元，还被招为东床驸马。一个春日，状元来到武夷山谢恩，在老方丈的陪同下，前呼后拥，到了九龙窠，但见峭壁上长着三株高大的茶树，枝叶繁茂，吐着一簇簇嫩芽，在阳光下闪着紫红色的光泽，煞是可爱。老方丈说："去年你犯鼓胀病，就是用这种茶叶泡茶治好的。很早以前，每逢春日茶树发芽时，就鸣鼓召集群猴，穿上红衣裤，爬上绝壁采下茶叶，炒制后收藏，可以治百病。"状元听了要求采制一盒进贡皇上。第二天，庙内烧香点烛、击鼓鸣钟，召来大小

---

①　佚名. 茶知识五则［EB/OL］.（2016-10-12）［2021-11-10］. https://www.sohu.com/a/115959009_230105.

和尚，向九龙窠进发。众人来到茶树下焚香礼拜，齐声高喊"茶发芽！"然后采下芽叶，精工制作，装入锡盒。状元带了茶进京后，正遇皇后肚疼鼓胀，卧床不起。状元立即献茶让皇后服下，果然茶到病除。皇上大喜，将一件大红袍交给状元，让他代表自己去武夷山封赏。一路上礼炮轰响，火烛通明，到了九龙窠，状元命一樵夫爬上半山腰，将皇上赐的大红袍披在茶树上，以示皇恩。说也奇怪，等掀开大红袍时，三株茶树的芽叶在阳光下闪出红光，众人说这是大红袍染红的。后来，人们就把这三株茶树叫作"大红袍"了。有人还在石壁上刻了"大红袍"三个大字。从此大红袍就成了年年岁岁的贡茶。[①]

(五) 相关图片

---

① 佚名. 十二生肖马的故事［EB/OL］.（2019-11-23）［2021-11-10］. https://wenku.baidu.com/view/b4002d4f6394dd88d0d233d4b14e852459fb3929.html.

七十四、咖　啡

（一）　简介

咖啡为茜草科咖啡属植物统称。为多年生常绿灌木或小乔木。叶对生，稀3轮生。花白色或浅黄色，罕有玫瑰红色，漏斗状，在叶腋处簇生或排成聚伞花序。浆果球形，红色。

饮用的咖啡，是用经过烘焙的咖啡的种子咖啡豆制作出来的饮料。作为世界三大饮料之一，其与可可、茶同为流行于世界的主要饮品。

"咖啡"一词源自埃塞俄比亚的一个名叫卡法（kaffa）的小镇，在希腊语中"kaweh"的意思是"力量与热情"。在世界各地，许多人喜爱喝咖啡。随之而来的"咖啡文化"充满生活的每个时刻。

（二）　起源及演变历程

咖啡树原产于非洲埃塞俄比亚西南部的高原地区。据说1000多年以前一位牧羊人发现羊吃了一种植物后变得非常兴奋活泼，进而发现了咖啡。还有说法称是因野火偶然烧毁了一片咖啡林，烧烤咖啡的香味引起周围居民注意。

当地土著人经常把咖啡树的果实磨碎，再把它与动物脂肪掺在一起揉捏，做成许多球状的丸子。这些土著部落的人将这些咖啡丸子当成珍贵的食物，专供那些即将出征的战士享用。直到11世纪左右，人们才开始用水煮咖啡作为饮料。13世纪时，埃塞俄比亚将咖啡带到了阿拉伯世界。咖啡种植、制作的方法也被阿拉伯人不断地改进而逐渐完善。

1. 现状

从埃塞俄比亚第一次发现咖啡至今，已经有 1500 多年的历史了。这是充满艰辛传奇和丰富多彩的 1500 多年。

在我国，占全国咖啡种植面积和产量 99% 以上的省份为云南省。随着各咖啡生产商开辟原料产地的力度不断加大，云南小粒咖啡也销往欧洲国家及美国、日本、韩国等 20 多个国家和地区，但总体上云南省咖啡产业仍停留在起步阶段，产业"突围"不容乐观。

当前中国咖啡深加工业中缺乏大型综合龙头企业，本土咖啡品牌更屈指可数，在国内外市场占有率和市场评价方面没有起到引领作用。

2. 对人类的影响

咖啡的主要成分是咖啡因、脂肪、蛋白质、糖分、无机盐和维生素等。咖啡因能刺激中枢神经，促进肝糖原分解，适量饮用可使人暂时精力旺盛，思维敏捷。咖啡有强心和提高人体基础代谢的作用，可以缓解脑血管痉挛和气管平滑肌的痉挛。适量饮用咖啡可减轻光波、电磁波等的辐射伤害。

（四） 相关故事

在 15 世纪以前，咖啡的种植和生产一直为阿拉伯人所垄断。当时主要被使用在医学和宗教上。医生和僧侣们承认咖啡具有提神、醒脑、健胃、强身、止血等功效。15 世纪初，开始有文献记载咖啡的使用方式，并且融入宗教仪式中，同时也出现在民间作为日常饮品。因伊斯兰教严禁饮酒，因此咖啡成为当时很重要的社交饮品。

1683 年，土耳其军队围攻维也纳，在失败撤退时，有人在土耳其军队的营房中发现一口袋黑色的咖啡豆，但当时谁也不知道那是什么。一个曾在土耳其生活过的波兰人拿走了这袋咖啡，在维也纳开了第一家咖啡店。16 世纪末，咖啡以"伊斯兰酒"的名义通过意大利开始大规模传入欧洲。1688 年，爱德华·劳埃德在伦敦开设咖啡馆，后来称为劳埃德咖啡馆。

　　起初咖啡在欧洲价格不菲，只有贵族才能饮用。咖啡甚至被称为"黑色金子"。直到 1690 年，一位荷兰船长航行到也门，得到几棵咖啡苗，在印度尼西亚种植成功。1727 年，当时荷属圭亚那的一位外交官的妻子，将几粒咖啡种子送给一位在巴西的西班牙人，他在巴西试种取得很好的效果。巴西的气候非常适宜咖啡生长，从此咖啡在南美洲迅速蔓延。因咖啡的大量生产而使得咖啡的价格下降，逐渐成为欧洲人的重要饮料。

　　1825 年，咖啡开始在夏威夷试种。1930 年，雀巢公司与巴西签订协议，开始投资速溶咖啡产业。1971 年，第一家星巴克咖啡馆在华盛顿州的西雅图开张。

（五）▶ 相关图片

七十五、可 可

（一）▶ 简介

可可，锦葵科可可属常绿乔木。株高达 12 米，幼枝被柔毛。叶具短柄，卵状长椭圆形或倒卵状椭圆形。花径约 1.8 厘米，花瓣 5，淡黄色，稍长于花萼，下部盆状并骤窄而反卷，花萼粉红色。核果椭圆形或长椭圆形，长 15 ~ 20 厘米，有 10 条纵沟，初淡绿色，后深黄或近红色，干后褐色。

可可拉丁学名为 *Theobroma cacao*，"cacao" 这个名字在拉丁语中的意思是"上帝的美食"。可可的种子含有多种可药用的化学成分，也为制造可可粉和巧克力糖的主要原料，为世界上三大饮料之一。

（二）▶ 起源及演变历程

在《自然生态与进化》杂志上，研究人员发表报告说，带有可可痕迹的史前古器物表明位于现在厄瓜多尔境内的亚马孙文化，在 5400 多年前就已对可可制品有了广泛的兴趣。这项研究的合著者、加拿大英属哥伦比亚大学的人类学考古学家 Michael Blake 说："这不仅是至今有关可可豆最早在美洲使用的考古学证据，也是南美洲使用可可豆的唯一考古证据。"

在书籍《巧克力：一部真实的历史》中就说道："这种食材所涉及的新大陆史和人种史迷雾重重，难以探究"。当代人印象中的甜味固体食物巧克力，在悠长历史中十之八九是以流质饮品的形态出现的。

2010 年，研究人员测定了可可树的完整基因序列，成品巧克力的终极源头似乎可以追溯到 4000 年前墨西哥南部临太平洋平原的农民身上。

Blake 和他的同事在文章中描述了他们是如何在厄瓜多尔高地的圣塔安娜 – 佛罗里达发现这一物种的。该遗址被认为存在于 5500 ~ 3300 年前，2002 年被发现时引起了轰动，因为它揭示了一个以前不为人知的古代社会，现在被称为马由－钦奇佩文化。

（三）▶ 现状及对人类的影响

1. 现状

可可原产于美洲中部及南部，目前广泛栽培于全世界的热带地区，在我国海南省和云南省南部也有栽培。可可喜生于温暖和湿润的气候和富于有机质的冲积土所形成的缓坡上，在排水不良和重黏土上或常受台风侵袭的地方则不适宜生长。

2. 对人类的影响

（1）食用价值

可可果是生产制造巧克力粉和可可脂的关键原材料。可可脂与巧克力粉可作为饮品，生产制造夹心巧克力、点心及冰激凌等食品。

（2）经济价值

可可是世界三大饮料作物之一，在国际农产品生产贸易中享有重要地位。作为热带特色经济作物，可可生产潜力大、用途广、附加值高、需求量大，在国民经济和社会发展中占有独特地位。

（3）文化价值

可可树，尤其是用干种子制成的饮料，长期以来一直与玛雅人和中美洲其他古代文明有联系。巧克力公司一直将这一传统奉为圭臬，生产类似"玛雅黄金"的产品。有研究认为，在以物易物的年代里，可可制成的巧克力在玛雅繁盛时期成为一种货币形式。

（四）▶ 相关故事

根据墨西哥传说，可可树是由羽蛇神带至人间的。当时人们把可可制成一种微苦的饮料，还常常在里面加入辣椒、香料、蜂蜜、香草甚至玉米。墨西哥南部的玛雅人把可可豆作为流通货币使用，当时用10粒可可豆可以买一只兔子，100粒可以买一个奴隶。巧克力饮品也是阿兹特克皇帝蒙特祖玛最喜欢的饮料之一。蒙特祖玛在西班牙军事家科尔蒂斯抵达墨西哥时将这种饮料介绍给他。科尔蒂斯在给西班牙国王的信中这样描述巧克力："此乃天赐佳酿，可以帮助人们增强抵抗力，消除疲劳感。"

16 世纪初期的西班牙探险家哥伦布在墨西哥发现当地饮用一种可可豆加水和香料制成的饮料，随后在 1528 年带回西班牙，并在西非一个小岛上种植了可可树。西班牙殖民者改变了巧克力的食用方式，将可可豆磨成了粉，从中加入了水和糖，"chocolate"（巧克力）这个单词本身也是在这一时期出现的。

（五）▶ 相关图片

主要参考文献

［1］中国科学院中国植物志编辑委员会. 中国植物志［M］. 北京：科学出版社，1999.

［2］祁承经、汤庚国. 树木学（南方本）［M］. 3版. 北京：中国林业出版社，2015.

［3］殷西亮. 国内茶文化旅游研究综述［J］. 浙江旅游职业学院学报，2012（4）：14-17.

［4］李正，陈重明，黄怀东. 咖啡的历史［M］// 中国民族植物学协会. 第三届中国民族植物学学术研讨会暨第二届亚太地区民族植物学论坛论文集，2010.

［5］赵溪竹，赖剑雄，李付鹏，等. 我国可可产业发展现状与前景［J］. 中国热带农业，2018（5）：4-5.

［6］丁莉，侯媛媛. 中国咖啡产业形势分析及发展建议［J］. 热带农业科学，2019，39（3）：105-109.

［7］王近近，袁海波，邓余良，等. 绿茶、乌龙茶、红茶贮藏过程中品质劣变机理及保鲜技术研究进展［J］. 食品与发酵工业，2019，45（3）：281-287.

［8］陈桃，孙剑，李紫娟. 我国茶产业发展中存在的问题、原因与对策［J］. 农业现代化研究，2018，39（3）：424-431.

［9］KHOSAWAN KONGKAMNERD. 东盟经济共同体背景下泰国咖啡产业竞争力分析［D］. 武汉：华中师范大学，2018.

［10］丁莉，周向阳. 中国咖啡产业竞争力分析及展望［J］. 农业展望，2017，13（10）：52-57.

［11］于淼. 云南德宏地区咖啡豆的风味品质特性研究［D］. 大庆：黑龙江八一农垦大学，2017.

［12］奚茜. 茶性、茶效与茶用的文献研究［D］. 北京：北京中医药大学，2017.

［13］肖智，黄贤金，孟浩，等. 2009—2014年中国茶叶生产空间演变格局及变化特征［J］. 地理研究，2017，36（1）：109-120.

[14] 全贤真. 中—韩咖啡文化比较研究 [D]. 西安: 陕西师范大学, 2016.

[15] 周斌, 任洪涛. 不同产地咖啡豆香气成分分析 [J]. 食品研究与开发, 2016, 37 (2): 128–132.

[16] 陈锋. 茶饮料的市场现状及发展前景 [J]. 福建茶叶, 2015, 37 (5): 25–27.

[17] 杨文丽. 中国饮料出口比较利益增进研究 [D]. 无锡: 江南大学, 2014.

[18] 邱明华, 张枝润, 李忠荣, 等. 咖啡化学成分与健康 [J]. 植物科学学报, 2014, 32 (5): 540–550.

[19] 刘昱希, 刘明学. 可可的种植·加工与产品发展 [J]. 安徽农业科学, 2014, 42 (22): 7541–7544.

[20] 许珊. 中国茶叶出口竞争力研究 [D]. 长沙: 湖南农业大学, 2014.

[21] 胡路. 云南咖啡产业发展战略研究 [D]. 昆明: 云南大学, 2014.

[22] 张虹. 中国茶叶企业品牌营销问题与对策的研究 [D]. 北京: 北京交通大学, 2014.

[23] 韩旭. 中国茶叶种植地域的历史变迁研究 [D]. 杭州: 浙江大学, 2013.

[24] 陈抒. 我国咖啡产业链及其发展战略分析 [D]. 海口: 海南大学, 2013.

[25] 赵溪竹, 朱自慧, 王华, 等. 世界可可生产贸易现状 [J]. 热带农业科学, 2012, 32 (9): 76–81.

[26] 朱永兴, 姜爱芹. 咖啡、可可和茶的全球发展比较研究 [J]. 茶叶科学, 2010, 30 (6): 493–500.

[27] 孙娟, 熊惠波. 世界咖啡产销情况及中国咖啡产业发展分析 [J]. 世界农业, 2010 (2): 38–40.

[28] 李道和. 中国茶叶产业发展的经济学分析 [D]. 北京: 北京林业大学, 2008.

[29] 卢琨. 世界可可产销综述 [J]. 世界热带农业信息, 2006 (11): 4–6.

[30] 殷露琴. 可可饮料及其稳定性研究 [D]. 江南大学, 2006.

[31] 余诗庆, 杜传来. 我国可可粉的应用和生产现状、问题分析与对策

［J］. 安徽技术师范学院学报，2005（4）：24-30.

　　［32］尹军峰，林智. 国内外茶饮料加工技术研究进展［J］. 茶叶科学，2002（1）：7-13，29.

　　［33］凯瑟琳·赫伯特·豪威尔. 植物传奇［M］. 明冠华，李春丽，译. 北京：人民邮电出版社，2018.

　　［34］何仕华. 普洱荣研究与实践［M］. 昆明：云南科技出版社，2008.

第十章

香辛料

七十六、胡　椒

（一）▶ 简介

　　胡椒，又名味履支、披垒、坡洼热等，属胡椒科胡椒属木质攀缘藤本。茎、枝无毛，节显著膨大，常生小根。花杂性，通常雌雄同株。浆果球形，无柄。花期 6—10 月。

　　胡椒是一种富有魅力的香辛料，凭借独特的香气和味道，在人类餐桌上扮演着重要的角色。在欧美地区，胡椒就像食盐一样，都是基本调味料。它适度的辛辣和宜人的香气为众多咸味料理注入了饱满风味，通常是在用餐前才撒上。

（二）▶ 起源及演变历程

　　胡椒原生于印度西南部热带滨海山区，当地至少在 3500 年前便开始从事海陆贸易。古埃及蒲草纸上的文献有提到胡椒。希腊人也熟知这种香辛料。罗马人更是广为使用。当时，胡椒大半采自野生林地植物。在 7 世纪之前，这种藤蔓植物便移植到马来群岛、爪哇和苏门答腊。后来，达伽马发现从欧洲通往印度西南部的海上航道，之后葡萄牙人便掌控胡椒出口贸易达数十年，然后是荷兰人，接着在 1635 年换成英国人，还建立了栽种胡椒的农场。到了明代中期，胡椒开始引种中国。到了 20 世纪，南美洲和非洲的几个国家也开始生产胡椒。

（三）▶ 现状及对人类的影响

1. 现状

　　胡椒现广植于热带地区。中国台湾省、福建省、广东省、广西壮族自治区、云南省等均有栽培。印度尼西亚、印度、马来西亚、斯里兰卡以及巴西等是胡椒的主要出口国。

2. 对人类的影响

（1）食用价值

胡椒的主要成分是胡椒碱，也含有一定量的芳香油、粗蛋白、粗脂肪及可溶性氮，能祛腥、解油腻。在日常生活的汤、面和鱼、肉类等菜肴的烹调中，加入适量胡椒，能达到提味、增香、增鲜的效果。

（2）药用价值

《唐本草》《海药本草》《本草纲目》等文献都记载有胡椒的药用，温中，下气，消痰，解毒，可治寒痰食积，脘腹冷痛，反胃，呕吐清水，泄泻，冷痢；可解食物毒。

（3）经济价值

胡椒是亚洲最早向西方出口的香辛料之一，如今还是欧洲和北美洲最杰出的香辛料。胡椒是多年生植物，植后 3～4 年便有收获，经济寿命可达二三十年，产值高、效益好。胡椒不仅国内需求量大，国际市场上也是大宗贸易产品。在我国，胡椒生产的主要植区在海南省。胡椒已成为当地农民脱贫致富的重要经济植物。

（四） 相关故事

在中世纪，欧洲的贵族很是痴迷于胡椒，拥有胡椒是权力与财富的象征。1439 年前后，在英国 1 磅胡椒相当于一个高薪技工 2 天工资。胡椒也可当作硬通货，用来支付工资和贷款。胡椒推动了世界文明和发展全球贸易的进程。印度尼西亚苏门答腊岛和爪哇岛是购买胡椒的主要目的地。胡椒的故事主要就在这两个岛屿上展开。为控制胡椒贸易，英国与荷兰两家东印度公司相继成立，在亚洲的几乎每一处港口展开竞争。较晚加入竞争的美国，也靠胡椒贸易取得了丰厚的利润。

（五）▶ 相关图片

七十七、辣　椒

（一）▶ 简介

辣椒，别名牛角椒、长辣椒、菜椒、灯笼椒，为茄科辣椒属一年或有限多年生草本植物。茎近无毛或微生柔毛，分枝稍有"之"字形折曲。叶互生，枝顶端节不伸长而成双生或簇生状，矩圆状卵形、卵形或卵状披针形，全缘，顶端短渐尖或急尖，基部狭楔形。花单生，俯垂；花萼杯状，不显著5齿；花冠白色，裂片卵形；花药灰紫色。果梗较粗壮，俯垂。果实长指状，顶端渐尖且常弯曲，未成熟时绿色，成熟后成红色、橙色或紫红色，味辣。种子扁肾形，淡黄色。

（二）▶ 起源及演变历程

辣椒原来生长在中南美洲热带地区。欧洲殖民主义者到达美洲以后，辣椒1493年率先传入欧洲，1583—1598年传入日本。传入我国的年代未见具体的记载，但是比较公认的最早关于辣椒的记载是明代高濂撰《遵生八笺》（1591），曰："番椒丛生，白花，果俨似秃笔头，味辣色红，甚可观"的描述。据此记载，通常认为，辣椒是明代末年传入我国的。

辣椒传入我国有两条路径，一是声名远扬的丝绸之路，从西亚进入今新疆维吾尔自治区、甘肃省、陕西省等地，率先在西北栽培；一是经过马六甲海峡进入我国南方，在云南省、广西壮族自治区和湖南省等地栽培，然后逐渐向全国扩展，后来几乎是没有辣椒的空白地带了。

至清乾隆年间，贵州人开始大量食用辣椒，紧接着与贵州相邻的云南镇雄和湖南辰州府人也开始食用辣椒。在乾隆十二年（1747年）的《台湾府志》中，有台湾食用辣椒的记载。嘉庆（1796—1820年）以后，有记载说，贵州、湖南、四川、江西四省已开始"种（辣椒）以为蔬"了。道光年间（1821—1850年），贵州北部已"顿顿之食每物必番椒"。同治时期（1862—1874年）贵州人则"四时以食"海椒。清代末年贵州地区盛行的苞谷饭，其菜多用豆花，便是用水泡盐块加海椒用作蘸水，有点像今天四川省富顺豆花的海椒蘸水。

湖南一些地区在嘉庆年间食辣还不多，但道光以后食用辣椒便较普遍了。据清代末年《清稗类钞》记载："滇、黔、湘、蜀人嗜辛辣品""（湘鄂人）喜辛辣品""无椒芥不下箸也，汤则多有之"，说明清代末年湖南、湖北人食辣已经成性，连汤里都要放辣椒了。

相较之下，四川地区食用辣椒的记载稍晚。雍正《四川通志》、嘉庆《四川通志》都没有种植和食用辣椒的记载。见于记载的最早可能是在嘉庆末期，当时种植和食用辣椒的主要区域是成都平原、川南、川西南，以及四川、湖北、陕西交界的大巴山区。同治以后，四川食用辣椒才普遍起来，以至"山野遍种之"。据清代末年傅崇矩的《成都通览》，光绪以后成都各色菜肴达1328种之多，而辣椒已经成为川菜中主要的佐料之一，食辣已经成为四川人饮食的重要特色。与傅崇矩同一时代的徐心余在《蜀游闻见录》中也有类似记载："惟川人食椒，须择其极辣者，且每饭每菜，非辣不可。"

云南在什么时候开始食辣？直至光绪时期的著述《云南通志》中仍无辣椒的踪影，其实清代末年辣椒已经涌入了云南——徐心余在《蜀游闻见录》中写到，他的父亲在雅安发现每年经四川雅安运入云南的辣椒"价值数十万，似滇人食椒之量，不弱于川人也"。

（三）现状及对人类的影响

1. 现状

目前，辣椒在我国栽培面积很大，全国各地均有种植，并形成了一些具有相当生产规模的产区。我国有丰富的辣椒资源，辣椒产量居世界第一，辣椒产品的生产正向多元化发展。辣椒加工不仅有传统的调味品生产，还包括了具有更高经济效益和社会效益的辣椒红色素、辣椒碱、辣椒籽油的开发，实现了辣椒的综合利用、变废为宝，同时更提高了辣椒本身的价值。

2.对人类的影响

（1）食用价值

每百克辣椒维生素 C 含量高达 198 毫克。B 族维生素、胡萝卜素以及钙、铁等矿物质含量亦较丰富。医药专家认为，辣椒能缓解胸腹冷痛，制止痢疾，杀抑胃腹内寄生虫，控制心脏病及冠状动脉硬化；还能刺激口腔黏膜，引起胃的蠕动，促进唾液分泌，增强食欲，促进消化。此外，一些品种的辣椒也作为观赏盆景。

（2）经济价值

辣椒不仅可以鲜食、加工成食品和调味品，还可作为医药、化工、军工等方面的原料，用途十分广泛，开发潜力巨大，是世界上具有良好发展前景的经济作物之一。目前，中国已成为世界上最大的辣椒生产国、消费国和出口国。

（四） 相关故事

关于辣椒的历史，金庸在《天龙八部》中写道："自此一路向东，又行了二十余日，段誉听着途人的口音，渐觉清雅绵软，菜肴中也没了辣椒。"

显然金庸认为云南、贵州、四川、湖南一带都嗜好辣椒，但辣椒却也和玉米、花生、南瓜、烟草等一样，是美洲农产品，明末才传入中国。史料记载贵州、湖南一带最早开始吃辣椒的时间在清乾隆年间，而普遍开始吃辣椒更迟至道光以后。

《天龙八部》小说写的是宋哲宗时期的事，所以段誉在一路东下时，不是菜肴里"也没了辣椒"，而是当地人从来就没见过辣椒，当然更没吃到过辣椒。

（五） 相关图片

七十八、草　果

（一）▶ 简介

草果，姜科豆蔻属多年生草本植物。茎丛生，高可达 3 米，全株有辛香气。叶片长椭圆形或长圆形，顶端渐尖，基部渐狭。穗状花序不分枝，每花序有花多达 30 朵；总花梗被密集的鳞片，鳞片长圆形或长椭圆形；苞片披针形，顶端渐尖。花冠红色，裂片长圆形，唇瓣椭圆形。蒴果密生，熟时红色；种子多角形，浓郁香味。

（二）▶ 起源及演变历程

草果古时多为药用，有燥湿除寒、祛痰截疟等功效。药用最早记述于南朝梁国药学家陶弘景的《名医别录》中。宋代唐慎微在《经史证类备急本草》中也有记载。1253 年，元世祖忽必烈率 10 万大军自宁夏出发，经甘肃，进入四川，再渡金沙江入滇，结束了大理国在云南的统治。蒙古大军意外地发现了草果，蒙古语称"嘎古拉"。蒙古人惊喜地感到草果浓郁的辛辣香甜之味与他们喜食的牛羊肉十分搭配，不仅能除膻味，还增进食欲。物以稀为贵的经济法则，使草果成为进献蒙古王朝的重要贡品。明代李时珍在《本草纲目》记述："滇广所产草果，长大如诃子，其皮黑厚而梭密，其子粗而辛臭，正如斑蝥之气，元朝饮膳，皆以草果为上供。"在物流尚不发达的年代，云南草果又传播到大江南北而广为人知。直到今天，草果依然是一种与人们生活紧密相连的香辛料和药材。

（三）▶ 现状及对人类的影响

1. 现状

草果生长于热带、亚热带湿热荫蔽的阔叶林中。在我国主要分布于云南省、贵州省、广西壮族自治区等地。在云南省主要分布于红河哈尼族彝族自治州、文山市、西双版纳傣族自治州、德宏傣族景颇族自治州、保山市、普洱市、临沧市等地州市的 31 个县以及金平县马鞍底乡的原始生态老林中，以金平苗族瑶族自治县（被称为"青果之乡"）出产最多。

草果现在越来越受到人们的青睐。在人类向往回归大自然的今天，随着人们生活水平的不断提高，草果的保健作用和药用价值得到了国际学界们的广泛关注。发展草果生产及其深加工有着巨大的市场潜力。

2.对人类的影响

（1）食用价值

草果具有特殊浓郁的辛辣香味，能除腥气，增进食欲，是烹调佐料中的佳品，被人们誉为食品调味中的"五香之一"。炖煮牛、羊肉时，放点草果，既能使肉的清香可口，又能去除牛、羊肉膻味，且用了草果其味更佳。

（2）药用价值

草果是很好的食疗保健产品，作用早在元朝《饮膳正要》当中即有记载。草果是药食同源的大宗种类。

草果味辛性温，具温中健胃、消食顺气、祛寒湿的功效，很多中成药都会用到草果作为配方。现代医学研究还显示，草果挥发油在体外可发挥协同增强药物抑制肝癌细胞的作用。

（四） 相关故事

《本草品汇精要》云："草果生广南及海南。形如橄榄，其皮薄，其色紫，其仁如缩砂仁而大。又云南出者，名云南草果，其形差小耳。"

相传蜀汉建兴三年，南蛮王孟获犯境入侵，诸葛亮亲率大军南征平叛。队伍来到滇南一带，时值五月，天气炎热，南方之地，分外酷暑，军马衣甲，皆穿不得。将士们不适应气候染上疟疾，人滚马落时有发生。当地壮族民医向诸葛亮献方馈赠草药，让蜀军上下皆口含一草药，从而使蜀军抵御了山岚瘴气的侵袭，驱除了疟魔。蜀军终擒南蛮王孟获，取得了战争的胜利。蜀军口含的这种草药，就是具有燥湿除寒、祛痰截疟、消食化食功能的草果。

（五） ▸ 相关图片

七十九、桂 皮

(一)▶ 简介

桂皮是五香粉的主要原料之一。桂皮表面粗糙有不规则的皱纹，黑褐色，里面平滑，呈红棕色和黑棕色，厚度比较薄，呈片状和卷筒状。

挑选桂皮时要注意：桂皮最重要的指标就是看干的程度。好桂皮较干且脆，用手非常容易折断，没有白色斑点和虫霉。劣质桂皮厚度薄厚不均匀，表面有虫蛀和霉斑，里面颜色较浅。

(二)▶ 起源及演变历程

有研究表明，樟属群起源于距今约5500万年前的劳亚古陆。当时，正值北热带植物群兴盛时期，樟属群植物可以通过白令海峡或北大西洋陆桥在欧亚古陆和北美大陆之间进行扩散传播。之后，发生在距今5000万—4800万年前的第三纪第一次全球降温导致了北美大陆和欧亚大陆樟属群植物发生隔离。而发生在距今约4200万—3800万年前的第三纪第二次全球降温过程，导致了非洲 *Ocotea ikonyokpe* 与亚洲樟属的隔离分化。在全球降温变冷的过程中，作为热带、亚热带植物成分的樟属和樟属群植物向低纬度蔓延。研究证明，全球气候变迁，北热带植物群的兴盛、衰落和瓦解，以及生物类群的长距离扩散，最终塑造了樟属群的现代分布区。

(三)▶ 现状及对人类的影响

1. 现状

天竺桂又称川桂、土桂皮，分布于我国广东省、浙江省、湖南省、湖北省、四川省等地。阴香又称山肉桂、连粘树，分布于我国中南及福建省、浙江省、贵州省、云南省等地。常见生于山坡或谷地的常绿阔叶林中或水边。

2. 对人类的影响

桂皮因为具有馥郁的辛香气而被用到菜肴的制作中，尤其是用于肉类菜肴，可以令人食欲大增。有研究表明，在日常饮食中适当添加桂皮可以有助于预防糖尿病。中医认为，桂皮性热，具有暖胃祛寒和活血舒筋的功效，还有止痛和止泻的功能。

（四） 相关故事

桂皮，樟科植物天竺桂、阴香、柴桂等树木的干燥树皮。都带有外皮，呈片状、卷筒状，厚度一般比较薄，一般有 1 ~ 2 毫米，质地脆、硬。外表比较粗糙，有不规则的褶皱，外表面黑褐色，里面平滑、呈红棕或黑棕色。掰开来闻，有似樟脑球般清凉薄荷味，并夹杂着树木和泥土气息。嚼之甜中带辣。

肉桂，樟科植物肉桂的干燥树皮。可带皮的，也可去皮。多数呈卷筒状，肉质厚且脆。外表面灰棕色，里面棕红色，油性大、用指甲划会出现油痕。闻起来香味比桂皮浓郁，嚼之味香辣微辛。

（五） 相关图片

八十、大　蒜

（一）▶ 简介

大蒜，百合科葱属植物。地下部分为球状至扁球状鳞茎，通常由多数肉质、瓣状的小鳞茎紧密排列而成。小鳞茎外被数层白色至带紫色的膜质外皮。叶包括叶身和叶鞘。叶鞘呈管状，在茎盘上环状着生。叶宽条形至条状披针形，扁平，先端长渐尖，比花葶（花葶就是日常食用的蒜薹）短。大蒜的花葶由花轴和总苞两部分组成。总苞中着生花和气生鳞茎。一般品种的总苞能形成数个至几十个气生鳞茎。气生鳞茎可用于繁殖大蒜，一般形成独头蒜。

大蒜整棵植株都具有强烈辛辣味。蒜头、蒜叶和花葶（蒜薹）均可作蔬菜。

（二）▶ 起源及演变历程

大蒜原产于亚洲西部高原地区和地中海沿岸地区。新的研究表明，最早培育和驯化大蒜的地区可能是中亚的塔吉克斯坦、土库曼斯坦、乌兹别克斯坦、伊朗北部、阿富汗以及巴基斯坦等地区的高山地区。整个天山山脉可能是世界大蒜原产地的中心。

我国现在所种植的大蒜是西汉时期张骞第二次出使西域时引种的。西晋文学家张华所著《博物志》中记载"张骞使西域还，得大蒜、番石榴、胡桃、胡葱、苜蓿、胡荽"。北魏贾思勰在《齐民要术》中也记述"张骞周流绝域，始得大蒜、葡萄、苜蓿"。我国先秦古籍《大戴礼记·夏小正》一书中最初有"纳卵蒜。卵蒜也者，本如卵者也"的记载。晋代崔豹撰《古今注·草木》中有"蒜，卵蒜也。"其中的卵蒜并非现在的大蒜。晋代郭义恭著《广志》中记载："蒜，有胡蒜、小蒜。"大蒜因出自西域，又名"胡蒜"，卵蒜指小蒜。

(三) ▶ 现状及对人类的影响

1.现状

我国是全球最主要的大蒜生产国、消费国和出口国。由于国人有食蒜习惯，农民种蒜极为普遍，产地遍布全国。在当今激烈的国际市场竞争中，我国大蒜产业取得的成绩来之不易。大蒜产业的持续、健康、稳定发展有着重要意义。

2.对人类的影响

（1）食用价值

大蒜是人类最早开发栽种的香辛料之一，在各式菜肴中都有广泛的应用。大蒜的营养价值丰富，除含有特有的活性物质含硫有机化合物，还含有丰富的多糖、蛋白质、挥发油、氨基酸、维生素、皂苷类化合物、黄酮类化合物、多酚类化合物、生物活性酶以及丰富的矿质元素等物质。大蒜的辛辣味虽然令很多人敬而远之，但不得不说大蒜也是菜肴中令人精神一振的天然调味食品。

（2）药用价值

在战场上，有些国家的伤兵以大蒜外敷以防止伤口发炎。此外，大蒜还具有提高免疫功能、抗肿瘤，保护心血管系统、活化细胞，促进能量产生、加快新陈代谢等功效，且无不良反应。大蒜已经成为重要的保健食品，在生物医药领域也具有很大的开发潜力。

（3）文化价值

随着大蒜越来越广泛地被应用于日常生活，自然也会逐渐融入我们的文化。在我国古代文人留下不少的咏蒜诗。如宋人方回的《仲夏书事十首》中就有"山市冰难致，家园蒜自珍"。同时，在唐代史学家李百药的《北齐书·慕容绍宗传》和南宋张淏《云谷杂记》中都提到了"蒜发"，后来人们还用"蒜发"一词来描述壮年人的花白头发。清代黄遵宪的《番客篇》云："中一蒜发叟，就我深浅商。"此外，从蒜头的形状出发，古人把压帐子和帘幕的银质坠子做成蒜的形状，也称"蒜"，如银蒜、蒜押等。明代文学家、戏曲家梅鼎祚著有《桂枝香·押帘银蒜》。

（四） ▶ 相关故事

在 2100 年前，恺撒大帝远征欧非大陆时，命令士兵每天服 1 头大蒜以增强气力、抗疾病。时值酷暑，瘟疫流行，对方士兵得病者成千上万，而恺撒士兵无一染上疾病，仅用短短的几年时间便建立了当时最强大的古罗马帝国。

第一次世界大战中，大不列颠帝国的军需部门曾购买 10 吨大蒜榨汁，作为消毒药水涂于纱布或绷带上医治枪伤，以防细菌感染。第二次世界大战中，由于药品的严重缺乏，许多国家的军医都使用大蒜为士兵治疗伤口。当时，苏联曾誉称大蒜汁为"盘尼西林"。

（五） ▶ 相关图片

八十一、姜

（一）▶ 简介

姜，姜科姜属多年生草本植物。株高 0.5～1 米；根茎肥厚、多分枝，有芳香及辛辣味。叶片披针形或线状披针形，无毛，无柄；叶舌膜质。总花梗长达 25 厘米，穗状花序球果状；苞片卵形，淡绿色或边缘淡黄色，顶端有小尖头；花冠黄绿色，裂片披针形。

（二）▶ 起源及演变历程

中国自古栽培姜，从湖北省的江陵战国墓葬和湖南省的长沙马王堆汉墓葬（西汉初期）中发现完整的出土姜块，表明从战国时代已用姜作为陪葬品。

西汉司马迁著《史记·货殖传》（公元前 1 世纪前期）有"千畦姜韭，其人与千户侯等""江南出姜桂""蜀亦沃野，地饶姜"等记载，表明当时姜已有较高的经济价值。西汉《别录》说"姜生犍为（四川）山谷及荆州、扬州"。上述发现和记载还表明，早在公元前 1 世纪以前，姜已有较大面积的种植，栽培史至少已有 2500 年以上。

我国北方栽培姜的历史较晚。据考证，明代时各府州县地方志中仅有少数物产卷中有姜的记载。到了清代，北方姜的栽培已相当普遍，如乾隆年间安徽霍山县、山东兖州府宁阳县等所需姜主要贩自南方。道光末年，有人开始引种试种。到了光绪年间，所生产的姜产品不仅可以自给，而且可以供应邻近各县。山东省《莱芜县志》（1922 年）记载，清朝宣统年间已把姜作为课税对象，可见当时姜的栽培已相当普遍。

姜的种植自南方向北方发展与其本身的经济价值有关。说明种姜不但可以满足人民生活的需要，还可获得较高的经济效益。

（三）▶ 现状及对人类的影响

1.现状

姜在我国中部、东南部至西南部、湖北省的咸丰、通山、阳新、鄂城、咸宁、大冶各地广为栽培。山东省安丘市、昌邑市、济南市莱芜区、平度市大泽山出产的大姜尤为知名。亚洲热带地区亦常见栽培。

2.对人类的影响

（1）药食同用

生姜是一种很有开发利用价值的经济作物，除含有姜油酮、姜酚等生理活性物质，还含有蛋白质、多糖、维生素和多种微量元素。姜集营养、调味、保健于一身，自古被医家视为药食同源的保健品，具有祛寒、祛湿、杀菌解毒、暖胃、加速血液循环等多种保健功能。

（2）经济价值

生姜制品在国际市场越来越受欢迎，尤其在日本、东南亚等国家或地区极为畅销，每年可为国家创大量外汇。在我国，生姜的食用及药用的历史很长，生姜的开发利用也比较早，主要产品有姜片、甜姜、姜酱、姜汁等。为获取高附加值产品，取得较高的增值效应，可同时从生姜中提取浓缩姜乳、透明原姜汁保健饮料、生姜淀粉，最后对残渣进行综合利用，制成姜蓉辣酱。

（3）文化价值

《论语》记载孔子说过："不撤姜食，不多食。"意为每次吃饭都要吃姜，但是都不多食。

《神农本草经》记载，"干姜，味辛温，主胸满咳逆上气，温中止血，出汗，逐风湿痹，肠澼下痢，生者尤良，久服去臭气，下气，通神明。生山谷。"

（四）▶ 相关故事

相传神农尝百草，以辨药性，误食毒蘑菇昏迷，苏醒后发现躺卧之处有一丛青草。神农顺手一拔，把它的块根放在嘴里嚼。过了不久，肚子里咕噜咕噜地响，泄泻过后，身体全好了。神农姓姜，他就把这尖叶草取名"生姜"，意思是它的作用神奇，能让自己起死回生。

（五）▶ 相关图片

主要参考文献

［1］斯战英，普永哈，余四友. 浅谈福贡县草果产业现状与发展思路［J］. 新农村，2011（14）：42，46.

［2］李世诚，丁靖凯，易元芬. 草果精油化学成分的研究［J］. 中草药通讯，1977（2）：13-15.

［3］凡飞，林光美. 肉桂的利用价值及其栽培［J］. 特种经济动植物，2009（6）：40-41.

［4］马丽娜，李峰杰，陈坚，等. 大蒜主要活性成分及药理作用研究进展［J］. 中国药理学通报，2014（6）：760-763.

［5］潘月红. 我国大蒜产业发展分析及展望［J］. 中国食物与营养，2012，18（11）：22-26.

［6］黄建峰. 樟属群植物系统发育和生物地理研究取得新进展 [EB/OL].（2016-01-04）［2020-10-10］. http://www.xtbg.ac.cn/xwzx/kydt/201601/t20160104_4512055.html.

第十一章

家养动物

八十二、牛

（一）　简介

　　牛，指牛科牛亚科牛族的草食性动物，部分种类为家畜（包含家牛、黄牛、水牛和牦牛）。为了贮存草料、躲避敌害，牛的胃在进化过程中形成了4个室：即瘤胃、蜂巢胃、瓣胃和腺胃，还具有"反刍"的习性，使食物能够得到更好的消化和吸收。体型粗壮，部分公牛头部长有一对角。角外面包着一层角质套，角质套可以脱下，角内部是空心的，所以又叫洞角，牛科动物也因此被称为洞角动物。与鹿类动物具有的实角不同，牛科动物的角上没有神经和血管，洞角被去掉后不能再生长。一般牛类的洞角长到一定程度便停止生长，而且不更换角套。牛能帮助人类进行农业生产，同时也可为人类提供肉食、毛皮等。

（二）　起源及演变历程

　　根据出土化石和古代壁画等资料显示，普通牛起源于原牛。

　　中国古书记载的"牛"，即中国水牛的毛色、颅骨和角形等特征同印度野水牛极相似，故以前学者都认为中国水牛起源于印度的野生平角水牛——亚尼水牛（*Bubalus arne*）。但近期对华北、东北各省以及内蒙古自治区、四川省等地更新世不同时期地层的化石研究，可证明其中至少有1~2种后来进化而成为现代的家水牛。中国水牛起源于南方。这可能是由于更新世晚期亚洲北部受冰川侵袭，使原属热带性气候的黄河流域以北广大地区变得干寒，以致古代水牛等动物被迫向南方迁移的结果。

　　我国西周时期的礼制书籍《周礼·地官》中记有养牛的官职，称为"牛人"，"凡祭祀，供其享牛"。当时的牛，主要用来运输以及祭祀、食用。所谓"牛夜鸣，则庮"，即牛如果在夜间鸣叫，那是生病了，肉会有臭味。但《周礼》中并没有提到牛用于耕田。西晋史学家陈寿所著的《三国志·魏书·武帝纪》中首次提到曹操破袁绍后"授土田，官给耕牛，置学师以教之"。说明三国时代牛已用于耕田。

（三）▶ 现状及对人类的影响

1. 现状

牛族是专性草食动物，会消耗高纤维的植被。分布于北美洲、欧亚大陆和非洲。牛族全部被列入《世界自然保护联盟濒危物种红色名录》。牛族中的 13 个物种均属于保护物种的主要原因是生存空间被人类大量占据，而大片土地的保护有助于抵消栖息地流失的不利影响。

2. 对人类的影响

（1）社会价值

由于家牛是重要的耕作牲畜，和农业联系密切，因此对人类的生产活动极为重要。有些地方的农民在每年春天开始耕种前会组织和家牛有关的活动和仪式，以期获得好的收成。因为耕牛是重要的生产资料，在农业社会中，拥有多少头用于耕作的牛也常常是衡量一个人财富的标准之一。

（2）食用价值

人工养殖的肉牛是人类重要的食物来源。中医认为：牛肉有补中益气、滋养脾胃、强健筋骨、化痰息风、止渴止涎的功能。牛肉含有丰富的蛋白质，氨基酸组成比猪肉更接近人体需要，能提高机体免疫力，对生长发育及手术后、病后调养的人在补充失血和修复组织等方面特别适宜。奶牛在日常生活中是主要奶源。

（3）文化价值

牛在中国文化中是勤劳的象征。宋代高承编撰的《事物纪原》中说："周公始制立春土牛，盖出土牛以示农耕早晚"。我国少数民族也有"慰问"耕牛的习俗，称为"献牛王"。

祭祀，是我国的一种民俗活动，源于天地和谐共生的信仰理念。祭祀时，礼节、祭品都有一定的规范。我国古代祭祀中将牛、羊、猪三种动物都有的牺牲称为太牢，是规格最高的祭品。

牛在我国是极富神话色彩的动物。在神话传说中天界有不少神仙的坐骑都是牛，通天教主所骑的是奎牛，太上老君骑的是青牛，黄飞虎的坐骑是五彩神牛。

《西游记》中的牛魔王是家喻户晓的大魔头。相传，大禹治水时，每治好一处，即铸一铁牛沉入水底。

(四) ▶ 相关故事

在南北朝的北周时期，还是少年的于仲文就孜孜不倦，刻苦读书，懂得了很多道理。这天，村里任姓村民和杜姓村民家中同时丢了一头牛。两户人家都去寻找，但只找回了一头牛。任杜两家都说这牛是自己家丢的，双方争执不下，于是就告到州里。一时间，州官也没有好的办法。这时，有人推荐了于仲文来帮助断案。于仲文命人用鞭子狠命地抽打那头牛，他则在一旁留心观察两家人的反应。只见任家的人见牛被打很是心疼，而杜家的人却表现的满不在乎。接着，于仲文又让两家将自家的牛群赶来，把被打的牛放开，只见那牛直奔向了任家的牛群。于仲文随即向州官说明了自己的看法。州官随即宣布，那头牛是任家的。

(五) ▶ 相关图片

八十三、马

(一) ▶ 简介

马，马科马属草食性动物，在 4000 年前被人类驯服。马现有家马和普氏野马两个亚种，普氏野马（66 个染色体）和家马（64 个染色体）可以杂交并有可育的后代。马在古代曾是农业生产、交通运输和军事等活动的主要动力。全世界马的品种约有 200 多个。随着生产力的发展、科技水平的提高以及动力机械的发明和广泛应用，马在现实生活中所起的作用越来越小。目前，马匹主要用于马术运动和生产乳、肉，饲养量大为减少。但在有些发展中国家和地区，马仍以役用为主，并是役力的重要来源。

(二) ▶ 起源及演变历程

马属动物起源于 6000 万年前新生代第三纪初期，最原始祖先为原蹄兽。体长约 1.5 米，头部和尾巴都很长，四肢短而笨重，均有 5 趾，中趾较发达；行走缓慢，常在森林或热带平原上活动，以植物为食。生活在 5800 万年前第三纪始新世初期的始新马，或称始祖马，体高约 40 厘米。前肢低，有 4 趾；后肢高，有 3 趾。牙齿简单，适于热带森林生活。进入中新世以后，干燥草原代替了湿润灌木林，马属动物的身体结构和功能随之发生明显变化：体格增大，四肢变长，成为单趾；牙齿变硬且趋复杂。经过渐新马、中新马和上新马等进化阶段的演化，到第四纪更新世才呈现为单蹄的扬首高躯大马。

家马是由野马驯化而来的。中国是早期开始驯化马匹的国家之一，从黄河下游的山东省以及江苏省等地的大汶口文化和仰韶文化时期遗址的遗物中，都证明在距今 6000 年前几个野马变种已被驯化为家畜。马的驯化晚于狗和牛。

在被人类驯化以前，马曾经被当作食物的来源。第一匹现代马出现在距今

3000多年前的古巴比伦。在1.5万年前古人类的洞穴壁画中，考古学家也曾发现马的形象。

西班牙人将马带入北美洲。科尔特斯在1519年到墨西哥时，带去了6匹马；埃尔南多·德·索托在1539年登陆佛罗里达州时，随行带去200余匹马。科罗纳多在美国西南部探险时，随行超过1000匹马。当时，美洲的印第安人很惧怕马，但很快便寻找到马的用途，开始从殖民者的手里夺走马匹，并将其驯养。

（三）▶ 现状及对人类的影响

1.现状

根据联合国粮农组织统计，马近大半分布于美洲，而亚洲占24%左右，欧洲占11%，非洲和大洋洲占8%左右。

2.对人类的影响

（1）用途

据研究表明，最早驯化马的目的可能有3个：一是存留多余的捕猎马作为食物来源，二是使役和射骑，三是用于祭祀或观赏。

马业分为传统马业与现代马业。传统马业马匹以役用为主，包括农用、交通、军事和产品生产等；现代马业马匹以非役用为主，包括赛马、马术、体育娱乐和观赏等。

（2）文化价值

早在公元前1046年的周王朝，周王官学要求学生学习"六艺"：礼、乐、射、御、书、数。西周时期的著名政治家、思想家周公旦在《周礼》中记载："养国子以道。乃教之六艺：一曰五礼，二曰六乐，三曰五射，四曰五御，五曰六书，六曰九数。"其中御指驾驭车马。

马在中国文化中是英雄的形象。唐代诗人李贺的《马》诗中有"何当金络脑，快走踏清秋"。南宋著名诗人陆游的《十一月四日风雨大作》中有"夜阑卧听风吹雨，铁马冰河入梦来。"唐代文学家韩愈在《马说》一文中有千古名句"千里马常有而伯乐不常有"。儒家学派的经典著作之一《论语》中用"千乘之国"形容拥有许多兵马的国家。

（四） 相关故事

　　传说，早在远古时期，马有双翅，名为"天马"，在地上会跑、水上能游、天上善飞，是一种威力极强的动物。凭借一身本领，天马在玉帝殿前做了一匹御马。因受玉帝宠爱，天马渐渐骄横起来，时常胡作非为。一日，天马溜出天宫，直奔东海要硬闯龙宫。守宫门的神龟和虾兵蟹将齐齐阻拦，天马顿时恼羞成怒，飞出一脚便踢死了神龟。东海龙王将此事告了御状。玉帝为了平"民愤"，便下令削去天马的翅膀，将其压在昆仑山下300年不得翻身。200多年后，人类的始祖人祖从昆仑山下经过时，应天马的求救，砍去山顶上镇压它的桃树。随着轰隆一声巨响，天马从昆仑山底一跃而出。为答谢人祖相救之恩，天马跟随人祖来到人世间，终生为人祖效劳。

（五） 相关图片

八十四、羊

（一）简介

羊，牛科羊亚科动物的统称，可分为家畜和野生两大类。哺乳动物，反刍类，一般头上有一对角。种类很多，如绵羊、黄羊、湖羊、山羊、岩羊等。毛色主要是白色，我国主要饲养山羊和绵羊。公羊有螺旋状的大角，母羊没有角或仅有细小的角。

（二）起源及演变历程

研究人员推测，现代羊亚科早期的演化中心可能是中中新世晚期到晚中新世早期的青藏高原及北缘地区。在这一时期，青藏高原发生了快速的隆升，海拔接近于现代高度，生态环境也急速向高海拔的极端生态环境发展。正是在这一背景下，早期的羊亚科动物很好地适应了寒冷和干旱的瘠薄生存环境，并在高原上快速发展、演化，最终在第四纪的冰期重新走出今天我国的西藏自治区，成为现代最成功的动物类群之一。

（三）现状及对人类的影响

1. 现状

羊亚科是较适宜干旱、寒冷、高海拔等瘠薄生存环境的类群。如羊亚科中的麝牛生存于北极圈以内的冰原和苔原地区，是陆生大型植食性动物中分布纬度最高的动物；鬣羊分布于撒哈拉沙漠边缘地带；岩羊、塔尔羊、藏羚羊等分布于极端高海拔的青藏高原及周边地区。

2.对人类的影响

（1）社会价值

羊亚科是与人类发展关系甚为密切的哺乳动物类群之一，是目前数量最多的牲畜，为人类社会提供了稳定的肉食、奶食，以及生物纤维的来源。因为羊的生态适应性极强，能适应极端干旱、寒冷等恶劣环境，所以，羊类在人类社会中起重要的作用。

（2）文化价值

人类的生产方式从攫取性的渔猎生产过渡到生产性的农牧业生产，是人类社会发展的一次大变革。人类社会的生活方式也因此发生了极大的变化，开始由游徙过渡到定居。在我国古代，羊是最早被驯化的动物之一，这解决了先民的温饱问题。

"三皇"中的伏羲、神农最早都以"羊"为部落图腾。相传，尧舜时代的大法官皋陶曾借助独角神羊断案，从而实现古代司法公平。周朝时，我国的畜牧业已经很发达，"五羊衔谷，萃于楚庭"的传说便源于这一时期。明代时期编写的儿童启蒙书目《增广贤文》中有"羊有跪乳之恩，鸦有反哺之义。"羊还被视为吉祥的象征。战国时期的哲学著作《墨子》中云："有恐后世子孙不能敬若以取羊。"这里的"羊"字就是"祥"的意思。许慎《说文解字·羊部》云："羊，祥也。"近代著名学者王国维《观堂集林》也说："祥，古文作羊。"从古文"羊""祥"通用可以看出，羊在古人心目中的地位。

（四）相关故事

旧时汉族民间有"送羊"的岁时风俗，流行于今河北省南部。每年农历六月或七月间，外祖父、舅舅给小外甥送羊，原先是送活羊，后来改送面羊。传说此风俗与"沉香劈山救母"有关。相传沉香劈开华山救出生母后，要杀死虐待其母的舅舅杨二郎。杨二郎为重修兄妹之好，每年给沉香送一对活羊（"羊"与"杨"谐音），从而就留下了"送羊"的风俗。①

---

① 佚名.羊年，你应该知道这些"羊文化"［EB/OL］.（2015-02-20）［2021-11-10］. http://www.360doc.com/content/15/0220/19/16156855_449638710.shtml.

（五） ▸ 相关图片

八十五、猪

（一）▶ 简介

猪，为猪科猪属杂食类哺乳动物，身体肥壮，四肢短小，鼻子口吻较长。性温驯，适应力强，繁殖快。有黑、白、酱红或黑白花等色。是六畜（马、牛、犬、羊、猪、鸡）之一。在十二生肖里称为亥。

（二）▶ 起源及演变历程

猪的历史要追溯到 4000 万年前，有迹象证明家猪可能来自欧洲和亚洲。在被人们发现的化石中证明有像野猪一样的动物穿梭于森林和沼泽中。

野猪首先在我国被驯化。我国养猪的历史可以追溯到新石器时代早中期。据殷墟出土的甲骨文记载，商、周时代已有猪的舍饲。而后随着生产的发展，逐渐产生了对不同的猪加以区分的要求——商、周时代养猪技术上的一大创造是发明了阉猪技术。汉代随着农业生产的发展，养猪已不仅仅是为了食用，也为积肥。这一情况促进了养猪方式的变化。汉代以前虽已有舍饲，但直至汉代时，放牧仍是主要的养猪方式。当时在猪种鉴定上已知猪的生理功能与外部形态的关系，这对汉代选育优良猪种起了很大作用。魏晋南北朝时期，舍饲与放牧相结合的饲养方式逐渐代替了以放牧为主的饲养方式。随着养猪业的发展和经济文化的不断进步，养猪经验日益丰富。隋、唐时期养猪已成为农民增收的一种重要手段。元代在扩大猪饲料来源方面有很多创造。明代中期，养猪业曾经遭受严重摧残。正德十四年（1519 年），因"猪"与明代皇帝"朱"姓同音，被令禁养，旬日之间，远近尽杀，有的则减价贱售或被埋弃。但禁猪之事持续时间不长，明代在养猪技术如猪品种鉴别和饲养方法等方面取得一些突破性成就。

猪按地理区域进行分类：华北类型，东北民猪、黄淮海黑猪、里岔黑猪、八眉猪等；华南类型，滇南小耳猪、蓝塘猪、陆川猪等；华中类型，宁乡猪、金华猪、监利猪、大花白猪等；江海类型，著名的太湖猪（梅山、二花脸等的统称）；西南类型，内江猪、荣昌猪、成华猪桂中花猪等；高原类型，藏猪（阿坝、迪庆、合作藏猪）。

（三）▶ 现状及对人类的影响

1. 现状

我国生猪养殖分布比较广泛，但相对集中在粮食主产区的四川省、河南省等地。四川省猪的养殖量位居全国首位，消费流向比较好。我国居民对猪肉消费习惯主要以热鲜肉消费为主，这就决定了生猪养殖地和消费地距离比较近的格局。我国中东部以及南方经济比较发达，人口比较多，多方面原因造成我国生猪养殖主要集中在华东、华中、西南和华南。东北地区养殖量也比较大，主要供往京、津、冀、内蒙古一带。

2. 对人类的影响

（1）食用价值

猪肉中含有丰富的蛋白质和脂肪，还含有丰富的 B 族维生素。另外，猪肉还能提供人体必需的脂肪酸。猪肉性味甘咸平，滋阴润燥，可提供血红素（有机铁）和促进铁吸收的半胱氨酸，能改善人们缺铁性贫血症状。

（2）文化价值

在古时游牧民族的畜牧经济中，猪是难养的动物（猪不像牛、羊、狗那样适合游牧迁徙）。从这一点讲，很多讲肉食的字，从"牛"或从"羊"而极少从"豕"是非常好理解的。夏商时期猪被人认为是贵重、吉祥的礼物。随着种植业的发展、居住地的稳定（游农经济渐渐被定居农业经济取代）和猪的驯化，很多和猪有关的字产生出来，比如"家"（房子底下有豕。豕，意思就是猪）、"圂"（意思是厕所，即厕所通猪圈）。

（四） ▶ 相关故事

传说古时有个员外，家财万贯，良田万顷，只是膝下无子。谁知年近花甲之时，却得了一子，一时间阖家欢喜，亲朋共贺。员外更是大张宴席，庆祝后继有人。

宴庆之时，一位相士来到孩子面前，见这孩子宽额大脸，耳阔有轮，天庭饱满，又白又胖，便断言这孩子必是大福大贵之人。

但这孩子福里生、福里长，自小只知衣来伸手，饭来张口，不习文武、修农事，每日只是花天酒地，游手好闲，认为命相已定，福贵无比，不必辛苦操劳。哪知这孩子长大成人之后，父母去世，家道衰落，田产典卖，家仆四散。他仍然继续过着挥金如土的生活，直到最后饿死在房中。

他死后阴魂不散，到阴曹地府的阎王那里告状，说自己天生富贵相，不能如此惨淡而亡。阎王将这阴魂带到天上玉帝面前，请玉帝公断。玉帝召来人间灶神，问及这位一脸富贵相的人怎么会饿死房中。灶神便将这人不思学业、不务农事、挥霍荒淫的行为一一禀告。玉帝一听大怒，令差官听旨将其发落。玉帝道："你命相虽好，却懒惰成性，今罚你为猪，去吃粗糠。"这段时间恰逢天宫在挑选生肖。这天宫差官把"吃粗糠"听成了"当生肖"，当即把其带下人间。从此，胖小子成为一头猪，既吃粗糠，又当上了生肖。[①]

又有一传说称在天宫排生肖那天，玉帝规定了必须在某个时辰到达天宫，取首先到达的十二种动物为生肖。猪自知体笨行走慢，便半夜起床赶去排队当生肖。由于路途遥远，障碍也多，猪拼死拼活才爬到南天门，但排生肖的时辰已过，但猪苦苦央求，其他五畜也为之求情，最后终于感动了天神，把猪放进南天门，当上了最后一名生肖。这样，马、牛、羊、鸡、狗、猪"六畜"都成为人间的生肖。

---

① 佚名. 生肖猪的传说［EB/OL］.（2019-02-05）［2021-11-10］. http://epaper.heyuan.cn/html/2019-02/05/content_3_4.htm.

（五）▶ 相关图片

八十六、鸡

（一） 简介

　　鸡，雉科原鸡属的一种家禽。家鸡源出于野生的原鸡，驯化历史至少有4000年，但直到1800年前后鸡肉和鸡蛋才成为大量生产的商品。人类驯养的鸡的种类有火鸡、乌鸡、野鸡等。

（二） 起源及演变历程

　　我国是世界上最早驯养鸡的国家。江西省的万年仙人洞和陕西省的半坡遗址中都发现了原鸡的遗骨，说明原鸡在长江和黄河流域都有分布。河北省的武安磁山、河南省的新郑裴李岗、山东省的滕州市官桥镇北辛遗址等都有鸡骨出土，可能是家鸡。

　　中国家鸡由野鸡驯化而成，有许多优良品种，其中九斤黄和狼山鸡十分有名。九斤黄1843年引入英国，1847年输入美国。日本在我国隋朝时期引入了中国鸡种，在日本幕府末期，引入我国上海的九斤黄鸡，培育成著名的名古屋卵肉兼用鸡。狼山鸡主要产于今江苏省一带，此种鸡抗病能力强，胸部肌肉发达。1872年狼山鸡输入英国，后又输入美国和德国。中国古代家鸡品种对世界鸡品种影响巨大。

（三） 现状及对人类的影响

1. 现状

鸡在中国，除青藏高原的部分地区，分布遍于全国各地。

2. 对人类的影响

（1）食用价值

鸡肉蛋白质含量较高，且易被人体吸收入利用，有增强体力、强壮身体的作用。此外，鸡肉还含有脂肪、钙、磷、铁、镁、钾、钠、维生素 A、维生素 B_1、维生素 B_2、维生素 C、维生素 E 和烟酸等成分。鸡肉对营养不良、畏寒怕冷、乏力疲劳、贫血等症状有很好的食疗作用。

（2）文化价值

在中国古代，没有报时的钟表，人们日出而作，日落而息。以天亮作为一天工作的开始，而何时天亮却是由公鸡报晓来决定的。人们信赖公鸡，是因为公鸡有信德，而雄鸡报时从不会报错。古人说这是"守夜不失时"，是信德的表现。俗话说"三更灯火五更鸡"，按今人的话说，就是鸡有勤奋、准确、守纪律、不误时、认真负责的好品德。晋代祖逖"闻鸡起舞"的故事，鼓舞着人们的斗志。现代人赞美鸡，主要是赞美鸡的武勇之德和守时报晓之信德。

（四） 相关故事

西汉文学家东方朔在《占书》上说："岁正月一日占鸡，二日占狗，三日占猪，四日占羊，五日占牛，六日占马，七日占人。"六畜日排完了，才轮到初七是人日。为什么有这么个排法呢？古书《农家杂事》上有三种说法：一种说法是按人类驯六畜的次序排，鸡最先驯养成家禽，狗次之，其他依此类推；另一种说法是按牲畜的大小排，小的排在前面，所以鸡排在第一，其他依次排后；还有一种说法是按六畜和人的远近排列，鸡、狗养在屋里，接近人，猪、羊次之，牛、马另有栏厩，离居室最远，所以排在后面。

早晨的鸡鸣，不仅是庄户人家的时钟，也是公共生活的时钟。战国时代著名的要塞函谷关，开关时间就以鸡鸣为准。落魄而逃的孟尝君，面对大门紧闭的关口，担心后面的追兵，食客中有会口技者，学鸡鸣，一啼而群鸡尽鸣，骗开城门。这个故事被司马迁写入《史记》并传为熟典。

养鸡多者，也能发财致富，这类现实生活中的场景也反映到神话传说中。《列仙传》卷上说："祝鸡翁者，洛人也。居尸乡北山下，养鸡百余年。鸡有千余头，皆立名字。暮栖树上，昼放散之。欲引呼名，即依呼而至。卖鸡及子得千余万，辄置钱去。"

（五） 相关图片

八十七、狗

（一）▶ 简介

狗，亦称犬，食肉目犬科动物。分布于世界各地。在我国，狗与马、牛、羊、猪、鸡并称"六畜"。猪寿命约 10 多年。在中国文化中，狗属于十二生肖之一，排名第 11 位。

（二）▶ 起源及演变历程

狗起源于狼的观点已经成共识，但围绕着具体的发源地和时间则是众说纷纭。一方面，德国 14000 年前的一个下颌骨化石，支持狗起源于西南亚或欧洲；而另一方面，狗的骨骼学鉴定特征提示可能起源于狼，由此提出了狗的东亚起源说。此外，不同品种的狗在形态上极富多样性，似乎又倾向于狗起源于不同地理群体的狼的假说。目前，仅靠考古学是很难提供有关狗起源的可靠线索的。

（三）▶ 现状及对人类的影响

1. 现状

狗是一种很常见的犬科哺乳动物，也是饲养率最高的宠物。据联合国统计，全球总犬数约有 6 亿只，我国大约有 2 亿只。狗的优良品种甚多，搜救犬助人解救危难，导盲犬助残疾人以便利，缉毒犬助人打击罪犯，牧羊犬更是人的好帮手。藏獒是中国特产优良种。

2. 对人类的影响

作为人类最早驯化的家畜，狗的存在和进化都与人类文明发展有着千丝万缕的联系。对于狗，西方人用精美的艺术作品加以歌颂，而且还视为最忠实的守护者。

（四） ▶ 相关故事

　　哮天犬是神话传说中二郎神身边的神兽，辅助他斩妖除魔。传说称二郎神成仙前居住在灌江口，幼年修行之时偶遇流落在外的哮天犬，觉得和它有缘，就三渡犬于草莽之中，授犬以修身之术，并作为猎犬和后来收养的逆天鹰一起带在身边。哮天犬对二郎神很是感激，所以忠心耿耿，一世追随。

　　哮天犬在《西游记》中跟孙悟空对战过，在封神演义及其他有关二郎神的传说如《宝莲灯》等相关的作品中亦有出场。哮天犬最早出现于干宝《搜神记》中。在民间传说刘沉香华山救母中，哮天犬曾力阻沉香怒劈华山。

（五） ▶ 相关图片

八十八、骆　驼

（一） 简介

骆驼，骆驼科骆驼属动物统称。头较小，颈粗长，弯曲如鹅颈，躯体高大，体毛褐色。骆驼极能忍饥耐渴，可以在没有水的条件下生存 2 ~ 3 周，在没有食物的情况下可生存 1 月之久，有"沙漠之舟"之称。

经解剖证实，驼峰中贮存的是沉积脂肪，而不是一个水袋，而脂肪被氧化后产生的代谢水可供骆驼生命活动的需要。因此有人认为，驼峰实际存贮的是"固态水"。

（二） 起源及演变历程

1000 万年前骆驼生活在北美洲。后来，骆驼远祖越过白令海峡到达亚洲和非洲，并演化出双峰驼和人类驯养的单峰驼。单峰驼在数千年前已开始在阿拉伯中部或南部被驯养。专家表示，一些人认为单峰驼早在公元前 4000 年已被驯养，而其他大部分人则认为是公元前 1400 年才被驯养。约于公元前 2000 年，单峰骆驼逐渐在撒哈拉沙漠地区居住，但是在公元前 900 年左右又再次消失于撒哈拉沙漠。它们大多是被人类捕猎的。后来，埃及人入侵波斯时把已经被驯养的单峰驼传入波斯地区。被驯养的单峰驼在北非被广泛使用，直到后来罗马帝国仍然使用骆驼队带着战士到沙漠边缘巡逻。可是，单峰驼并不适合用来穿越撒哈拉沙漠。在 4 世纪，更强壮和更强耐久力的双峰驼首度传入非洲。之后，还是被越来越多的人使用，因为这种骆驼较适合用于穿越大沙漠的长途旅行，且可以装运更多更重的货物。这时，跨撒哈拉贸易终于得以进行。

19 世纪末，澳大利亚曾从非洲引进部分单峰驼，后来由于不再应用役畜，大约有 3200 头散落到澳洲沙漠重新野化。

1. 现状

虽然今天单峰驼数量仍不少，但是野生物种已经濒于灭绝。用于家畜的单峰驼主要见于苏丹、索马里、印度及附近国家、南非、纳米比亚和博茨瓦纳等地。

澳大利亚中部有估计多至 70 万头野生单峰驼。它们是 19 世纪和 20 世纪初被引进的骆驼后代。这个种群数量以每年约 11% 的速度增加，由于侵占了饲养绵羊所需的有限资源，南澳大利亚州政府已决定使用空中射杀的方法屠杀这些骆驼。

双峰驼曾经分布广泛，但是现在只剩余一二百万头，主要为家畜。现在估计约有 1000 头野生双峰驼生活在戈壁滩，以及少量生活在伊朗、阿富汗、哈萨克斯坦等地。

2. 对人类的影响

（1）食用价值

骆驼肉是具有较高经济价值及开发利用价值的肉类，富含蛋白质、维生素及矿物质，氨基酸种类齐全，脂肪和胆固醇含量低。人工饲养骆驼成本低、体型大、产肉多、瘦肉率高。

（2）骑乘工具

骆驼可用于骑乘、驮运、拉车、犁地等。在沙漠、戈壁、盐碱地、山地及积雪很深的草地上行进或需要运送物资时，其他交通工具往往难以发挥作用，而骆驼则是这些地区最为重要的驮畜和骑乘工具，发挥着其他家畜及交通工具难以替代的作用。也曾被广泛用于沙漠考察等工作。

（3）文化价值

几千年来，游牧在蒙古高原的人们在岩石上磨刻、涂画了关于骆驼的各种场景，留下了古老文明的见证。即使不适合骆驼生存的陕西省西安市、河南省洛阳市等地出土的文物中也有以骆驼为题材的塑像和绘画。骆驼是丝绸之路上的一个非常醒目的文化符号！骆驼文化不仅是牧人在长期游牧生活中形成的传统文化积淀，也是在丝绸之路上经过历史考验的民族文化精华。

（四）► 相关故事

在鄂尔多斯，流传着一个关于骆驼的美丽传说。当年，成吉思汗攻打西夏，一路上都势如破竹。但来到鄂尔多斯高原时，却被一座高耸陡峭的乌兰陶勒盖（红色的山峰）挡住了。大汗的坐骑朝着这座大山冲了九百九十九次都没能冲上去。眼看隆冬将至，大雪就要封山，宫帐里成吉思汗踱来踱去焦虑不已。随军的忽兰哈屯看到了此情此景，便上前进言，"大汗勿多忧虑，当心圣体。我听说大汗的亿万畜群中有一峰白色的母骆驼，颇有灵性。大汗何不乞求上天，使母驼怀孕，生一个神奇的驼羔，或许可以逾越这座险山。"

第二天，成吉思汗便命部将把白驼牵到帐前，然后登高祭天，乞求上天赐胎于神驼。不久，这峰白色的母驼便生下一只小驼羔。母驼生下小驼羔后，奶汁越来越多，小驼羔吃不完，就任洁白的奶汁随便流淌。慢慢地，这些奶汁便流成一片湖泊，人们称母驼奶汁流成的湖泊为"查干淖尔"（白色的湖）。

又过了些日子，小驼羔长成了一峰非常健壮的骆驼。它驮着成吉思汗来到了峥嵘的红色山峰面前，先是使劲摇头摆尾，又蹦又跳，然后就嘶嘶地叫起来。突然，只见神驼前蹄腾跃，冲向前方起伏的山峦，并用后蹄踏出了一条弯弯曲曲的小路来。成吉思汗高兴极了，随令大队人马沿着神驼踏出的小路越过乌兰陶勒盖山，继续向西夏进军。

征服西夏之后，成吉思汗再次来到了乌兰陶勒盖，发现母骆驼和小神驼卧在山峰的旁边，说什么也不起来。此后，就化成了一座形似两只骆驼的坚硬无比的石山。积年累月，原来的那座乌兰陶勒盖山峰经过风吹雨打渐渐消失了，而那座形似骆驼的怪石山依然耸立在那里。

至今，鄂尔多斯伊金霍洛旗依然有一个叫"骆驼峰查干淖尔"的湖泊。这湖泊世世代代饮养着那两只神奇的骆驼峰。[1]

① 佚名. 在鄂尔多斯，传说有一片湖水和一座石山都因神奇的骆驼而来［EB/OL］.（2019-02-13）［2021-11-10］. https://www.sohu.com/a/294636265_766310.

（五） 相关图片

八十九、鱼

（一）▶ 简介

鱼，软骨鱼纲和硬骨鱼纲动物的统称。大多数鱼类是终年生活在水中，用鳃呼吸，用鳍辅助身体平衡与运动的变温脊椎动物。它们几乎栖居于地球上所有的水生环境，从淡水的湖泊、河流到咸水的大海和大洋。

（二）▶ 起源及演变历程

在五大类脊椎动物中，鱼类是最低等的，在地球上出现的时间也最早。现知最早的鱼类化石，发现于距今约 5 亿年前的寒武纪晚期地层中，但只是一些零散的鳞片，未能给我们一个有关鱼类身态的轮廓。到距今 4 亿—3.5 亿年前的志留纪晚期和泥盆纪的土层中，才有大量鱼化石被发现。这些鱼化石在构造特征上彼此间已很不一样，说明当时已有多类鱼类存在。

最早出现的鱼类是无颌鱼类。顾名思义，它们还没有上、下颌，只有一个漏斗式的口位于身体前端。这种口不能主动摄食，只有靠水流把微小生物带进口内。再者是它们没有腹鳍，但有膜质的外骨骼包裹在身体外边。所以，无颌鱼类又有甲胄鱼类之称。

最早的有颌鱼类是盾皮鱼类。它不仅已有上、下颌，还有了偶鳍。这样，它便有可能主动摄食了。有人认为，盾皮鱼类可能与现代鲨类有亲缘关系，但另一些人认为可能与硬骨鱼类的关系更密切。

最早的软骨鱼类出现于泥盆纪早期（距今 3.8 亿年前）。裂口鲨常被视为最原始代表之一，并很可能是所有鲨类的祖先。

硬骨鱼类是最进步的鱼类，也是现今世界上水域中的"主人"。一般认为，硬骨鱼类是从棘鱼进化来的。棘鱼是早期有颌鱼类，早志留世（距今 4 亿年前）

便已出现，一直延续到二叠纪（距今 2.5 亿年前）。这是一种小型鱼类，曾被认为与盾皮鱼类有关，还与软骨鱼类有关。通过对新材料的研究，才确定它与硬骨鱼类有关。

硬骨鱼类分两大支，一支为辐鳍鱼类，一支为肉鳍鱼类。辐鳍鱼类最早出现于距今约 3.8 亿年前的泥盆纪中期，经过软骨硬鳞类（部分软骨、斜方鳞、明显歪尾）、全骨鱼类（部分软骨、斜方鳞、轻歪尾）和真骨鱼类（硬骨、圆鳞、正尾）三个进化阶段而至现代鱼类。肉鳍鱼类包括总鳍鱼和肺鱼。

（三）现状及对人类的影响

1. 现状

鱼类是最古老的脊椎动物。世界上现存已发现的鱼类约 32100 种，分布在海洋和淡水中：海洋中生活的占 2/3，其余的生活在淡水中。观赏鱼是另外一类，品种繁多。

2. 对人类的影响

（1）食用价值

鱼肉富含蛋白质，且易被人消化、吸收。肉中还富含丰富的硫胺素、核黄素、尼克酸、维生素 D 和一定量的钙、磷、铁等矿物质。鱼肉中脂肪含量虽低，但其中的脂肪酸被证实有降糖、护心和防癌的作用。鱼肉中的维生素 D、钙、磷能有效地预防骨质疏松症。

（2）药用价值

中国鱼类计有 2500 种，其中可供药用的超过百种，常见的药用动物有黄鳝、鲤、鲫、鲟（鳔为鱼鳔胶）、大黄鱼（耳石为鱼脑石，肝油是维生素 A 和维生素 D 的主要原料）等。从各种鱼肉里可提取水解蛋白、细胞色素 C、卵磷脂、脑磷脂等。河豚的肝脏和卵巢里含有大量的河豚毒素，可以提取出来治疗神经病、痉挛、肿瘤等病症。大型鱼类的胆汁可以提制胆色素钙盐，为人工制造牛黄的原料。

（3）文化价值

早在旧石器时代，我们的祖先就已从事捕鱼作业。新石器时代的出土文物中还有骨质的鱼钩，如河南省郑州市出现的商朝早期遗址中有青铜制的鱼钩，而在北京市周口店山顶洞人遗址中已经有涂红、穿孔的草鱼眶上骨出土这些饰物，表明鱼与当时人们的生活已有着十分密切的关系。

《史记·周本记》载有周王朝鸟、鱼之瑞。

人们在捕食鱼的过程中，还形成了种种与鱼有关的风俗。鱼为人们所喜爱，除了食用价值，还由于它是一种美好的文化象征。

在古代的诗词中，也有许多关于鱼的表述。古诗《江南》"江南可采莲，莲叶何田田，鱼戏莲叶间。鱼戏莲叶东，鱼戏莲叶西，鱼戏莲叶南，鱼戏莲叶北。"

（四）▶ 相关故事

我国古代，在汉以前，"双鲤鱼"就作为当时的信封。这种信封和现在用纸糊成口袋形的信封不同，是用两块鱼形的木板做成的，中间夹着书信。

秦汉时期的乐府诗集《饮马长城窟行》中，主要记载了秦始皇修长城，强征大量男丁服役而造成妻离子散之情，且多为妻子思念丈夫的离情，其中有一首五言写道："客从远方来，遗我双鲤鱼；呼儿烹鲤鱼，中有尺素书。长跪读素书，书中竟何如？上言长相思，下言加餐饭。"这首诗中的"双鲤鱼"，也不是指真的鲤鱼，而是指用两块板拼起来的一条木刻鲤鱼。这种鲤鱼形信封沿袭很久，一直到唐代还有使用。

隋唐时期，朝廷颁发有一种信符，符由木雕或铜铸成鱼形，时称"鱼符""鱼契"；由于要把传递的信息书写在符上，故又称为"鱼书"。使用此符时，把它剖为两半，双方各执半边鱼符作为凭信。[1]

（五）▶ 相关图片

① 佚名. 与鱼有关的典故［EB/OL］.（2019-07-24）［2021-11-10］. https://wenku.baidu.com/view/8fe528f47ed5360cba1aa8114431b90d6c85899b.html.

九十、虾

（一） 简介

虾，属节肢动物门甲壳类动物。体长而扁，背弓呈节状，尾部有硬鳞，多脚，善于跳跃。外骨骼有石灰质，分头胸和腹两部分。腹部由 7 节体节组成。虾以鳃呼吸，鳃位于头胸部两侧，为甲壳所覆盖。虾体大小从数米到几毫米，大都生活在江湖中。

（二） 起源及演变历程

科学家证实了泛甲壳类动物（昆虫和甲壳动物组成的进化单谱系群的统称）起源于早寒武世。这类动物的第二触角和口部附肢的特化、上肢的形成，在从节肢动物其他原始类群分离之初即已发生。

（三） 现状及对人类的影响

1. 现状
我国海域宽广、江河湖泊众多，盛产海虾和淡水虾。

2. 对人类的影响

（1）食用价值

不管何种虾都含有丰富的蛋白质，营养价值高。虾肉质和鱼肉一样松软，且易消化又无腥味和骨刺，同时含有丰富矿物质（钙、磷、铁等）。海虾还富含碘质，对人类健康极有裨益。根据科学分析虾食部分蛋白质占 16% ~ 20%。

（2）文化价值

虾在我国古人的文化中，有吉祥平安、长久富贵的含义。古人把虾比喻为龙和银子。虾因体型优美、形态多样，深受画家喜爱，很多著名的画家喜欢画虾。虾图有吉祥平安、长久富贵、顽强拼搏和淡泊名利四大寓意。

（四） 相关故事

传说以前虾是没有眼睛的，而蚯蚓却有一双晶莹剔透的眼睛。那时，虾与蚯蚓比邻而居，虾住在浅浅的水草间，蚯蚓住在岸上的河滩间。它们一起相安无事、岁月静好地过了很久，直到一天它们来了新邻居——蝎子。

蝎子望着水中细皮嫩肉的虾，想要饱餐一顿。蝎子知道自己不会游泳，捉不到水中的虾，顶多是望梅止渴，便想了一个借力打力的主意。

它对着虾叫道："嗨，我的朋友！岸上的世界很是精彩，你真该上来看一看，不然，岂不白白瞎了你那美丽修长的腿儿？"

虾一脸窘状："风景就是再美，我没有眼睛，也欣赏不到啊！"

"这还不好办，你可以向你的好朋友蚯蚓借啊！"蝎子早有所料，极力游说虾，"到了岸上，一切美景尽收眼帘，你瞧这温暖的阳光，你听这和煦的风声，一切都是多么的美好啊！"

虾动了心，于是向蚯蚓借来了眼睛，爬上了河岸。蝎子早就听说虾的两只钳子锋利无比，便隐忍不发。它懂得，自己有的是时间和耐力。

虾在蝎子甜言蜜语的鼓动下，走了很久，身后的河岸越来越远了。很快，疲惫不堪的虾倒在了欣赏风景的途中。此时，蝎子再没了友善，露出了狰狞的面目。虾这时才幡然悔悟，可惜为时已晚，带着对蚯蚓的愧疚咽下了最后一口气。

后来，人们烹饪虾时每每见其露出红色，据说就是虾的羞愧和悔恨造成的。而蚯蚓没有了眼睛，祖祖辈辈成了真正的瞎子，每到夏夜，悲从中来，哭泣不已。[1]

---

① 佚名．虾子借眼睛哲理小故事［EB/OL］．（2020-07-24）［2021-11-10］．https://wenku.baidu.com/view/e2c911fd5b0102020740be1e650e52ea5518ceb8.html.

（五） ▶ 相关图片

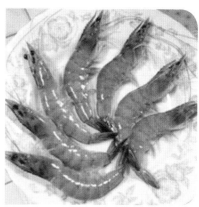

主要参考文献

[1] 刘莉，杨东亚，陈星灿. 中国家养水牛起源初探 [J]. 考古学报，2006 (2)：141–178.

[2] 陶克涛，韩海格，赵若阳. 家马的驯化起源与遗传演化特征 [J]. 生物多样性，2020，28 (6)：734–748.

[3] 蔡大伟，汤卓炜，陈全家. 中国绵羊起源的分子考古学研究 [J]. 边疆考古研究，2010 (1)：291–298.

[4] 四川文化艺术学院. 生肖鸡与民俗文化 [J]. 戏剧之家，2017 (2)：270.

[5] 佚名. 科学家揭开寒武纪泛甲壳类起源之谜 [EB/OL].（2019–02–21）[2021–10–10]. https://www.sohu.com/a/296006117_115423.

第十二章

野生动物

九十一、大　象

(一) ▶ 简介

大象，长鼻目象科动物的通称。有亚洲象和非洲象 2 个属。大象是现存世界最大的陆生动物，平均每天能消耗 75 ~ 150 千克植物枝叶。尽管有一个巨型的胃和 19 米长的肠子，但是它的消化能力却相当差。

它们主要外部特征为柔韧而肌肉发达的长鼻和扇子般大的耳朵。象鼻具缠卷的功能，是自卫和取食的有力工具。

(二) ▶ 起源及演变历程

大象原产于非洲，祖先生活在距今 5500 万—3600 万年前。目前，最原始的象类化石始祖象被发现于非洲北部晚始新世至早渐新世的地层中。始祖象体形大小与家猪相似，生活习性则近似河马。始祖象尚未出现大的象牙和长鼻，但已处于象牙的萌芽状态，有向大象牙发育的趋势，鼻子也比其他动物的略长一些。始祖象经过进化，最后发展成了现代象。

(三) ▶ 现状及对人类的影响

1. 现状

亚洲象历史上曾广布于中国长江以南（最北曾达到河南省）及南亚和东南亚地区，喜欢群居，现分布范围已缩小。

在东南亚国家（特别是泰国和印度）的很多亚洲象已被人类驯养，视为家畜，可供骑乘、马戏团表演或服劳役。这不仅会对象的生理造成严重伤害，也会引发行为异常。由于圈养机构对于象类展出和表演的需求，大量的亚洲象或非洲象从野外被捕获，运往世界各地的动物园，对野生种群造成极大的威胁。

象牙一直被作为名贵的雕刻材料，价格昂贵，故象群遭到大肆滥捕，数量急剧下降。世界自然基金会（World Wildlife Fund，WWF）表示，人类滥猎象牙，将令亚洲大象出现基因突变，丧失长象牙的基因，出现新的品种无象牙大象。

2.对人类的影响

"象"在中国传统文化里与吉祥的"祥"字谐音，故被赋予了吉祥的寓意，在我国傣族人民的心目中更是吉祥与力量的象征。

大象是科特迪瓦的象征。开始的"象牙海岸"只是南部地区的名称，因为那里有很多大象和象牙。在1893年3月，法国殖民者将这个名称正式推广为国名。那时候，欧洲人乘船过来主要是猎取当地非常名贵的象牙。科特迪瓦国家独立之后依旧保留了这个名称，并在国徽上使用了大象的图案。

（四） 相关故事

《三国志》中记载了"曹冲称象"的故事：曹冲自幼聪慧，五六岁的时候，智力就与成人相仿。一日，东吴的孙权送给曹操一只大象，曹操带领众人前去观看。只见这大象又高又大，象腿有柱子那么粗。曹操问大家说："这只大象这么大，你们哪个有办法称它一称？"大臣们纷纷议论开了。

有人说："只有造一杆足够大的秤来称。"

另有人说："那要造多大一杆秤呀！再说，大象是活的，也没办法称呀！只有把它宰了，切成块儿称。"

他的话刚说完，所有的人都哈哈大笑起来。大臣们又想了许多办法，均行不通。

这时，曹冲对曹操说他有办法。曹冲让人把象牵到船上，等船身稳定了，便在船舷上齐水面的位置刻了一条痕迹。再让人把象牵回岸上，然后把大大小小的石头往船上装，一直装到船身上刚刻的那条印迹与水面一样齐为止。最后，把船上的石头分次称一下，重量加起来，就知道象有多重了。

（五）► 相关图片

九十二、猴

（一） 简介

猴，哺乳纲灵长目猴科动物的统称，属于动物界最高等的类群。大脑已经进化得非常发达；眼眶朝前；四肢可以使用简单工具和抓取食物；手、趾可以分开，有助于攀爬树枝和抓握东西，大拇指灵活，多数能与其他趾（指）对握。猴是杂食性动物，食物以水果为主，也可食肉。绝大多数以树栖或半树栖生活，也有少数地栖或在多岩石地区生活。多在白天以小家族群居活动，有时也结大群活动。能直立行走，但时间不长。

（二） 起源及演变历程

猴的进化已有6000万年历史。世界各地发现的早期灵长类化石属原猴类，其中60多属现已绝灭。美洲已没有原猴类，只是在亚非大陆、马达加斯加岛和印度洋一些岛屿上，还生存着少数与5000万年前的原猴类极为相似的种类。

（三） 现状及对人类的影响

1. 现状

灵长目包括原猴亚目和猿猴亚目。猿猴亚目又称类人猿亚目，包括11科约51属180种，主要分布于亚洲、非洲和美洲温暖地带，大多栖息林区。

2. 对人类的影响

在中国古籍中，猴子的别称有禺、果然、独、狖等。据汉代的《白虎通义》中记述："猴，侯也，见人设食伏机，则凭高四望，善于侯者也。"侯，是等待、观望的意思。

我国传统文化中普遍认为猴为吉祥物。由于"猴"与"侯"谐音，在古时许多图画中，都用猴的形象表示封侯之意。猴是我国传统的十二生肖之一。中华文化中还有许多和猴子有关的成语：如杀鸡儆猴、猴年马月、尖嘴猴腮等。

四大名著《西游记》中的美猴王孙悟空，法号行者，是唐僧的大徒弟，猪八戒、沙僧的大师兄。孙悟空生性聪明、活泼、忠诚、疾恶如仇，在传统文化中已经成为机智与勇敢的化身，代表了人性中的善良、正义、不阿、自由的情怀和追求。他能七十二变，腾云驾雾；有一双火眼金睛，能看穿妖魔鬼怪的伪装；一个筋斗能翻十万八千里；使用的兵器如意金箍棒，能大能小，随心变化。他占花果山为王，自称齐天大圣，与如来佛祖斗法，被压在五行山下五百多年。

（四） 相关故事

生肖文化作为一种古老的民俗文化事象，已是中华民族文化不可分割的一部分。猴在十二生肖中排行第九，与十二支配属"申"，故一天十二时辰中的"申时"——下午 3 ~ 5 时又称"猴时"。

传说，老虎在开初就以镇山制兽之威名当上了兽王。山中百兽见了老虎都立即回避。老虎感到既得意又孤独。猴子那时与老虎是邻居，二人称兄道弟，当虎王外出时，猴子便代行镇山之令。百兽慑于虎王的威风，也只好听猴子的召唤，这便是"山中无老虎，猴子称大王"的来历。

一天，虎王不幸落入了猎人的网中，拼命挣扎也无法脱身，恰好猴子来了，虎王高喊救命。猴子见了，连忙爬上树，解开了猎人的网绳，救出了虎王。

虎王脱险后，虽然嘴上不住地感谢猴子老弟，心里却在盘算：我是百兽之王，竟然中了猎人的圈套，还要小小猴子搭救。这事要让猴子张扬出去，岂不灭了我虎王的威风？！不如干掉猴子算了。可是转念一想，如今自己已经是孤家寡人了，再干掉猴子，今后连一个朋友也没有了。如果再有危险，谁来帮我呢？再说，猴子怕我，也决不会把今天的事说出来的。

于是，老虎告诉猴子，今天的救命之恩，今后一定报答；猴子今后有什么为难之事，尽管开口。猴子当然也对虎王遇险的事闭口不提，保全虎王的面子。在这之后，二人的关系更是非同寻常了。

许多年之后，玉帝开始选生肖。身为百兽之王，老虎理所当然地上了生肖。猴子也想上生肖，可是玉帝挑生肖有条原则，那就是对人类有功。猴子对人类无功可言，自然选不上。于是，猴子请虎王向玉帝求情，让他当生肖。虎王因为欠猴子的情，只好尽力去帮猴子说情，对玉帝讲猴子灵敏、机智，为百兽之首，又说自己不在时，猴子也有镇山功劳。于是，玉帝下旨，将猴子也列入生肖之中。

猴子上了生肖，虎王也还了猴子的人情。当然，虎王也还是不高兴，没什么本事的猴子与自己并列为人间生肖，二人从此恩断义绝。今天，百兽自然也不怕猴子了。当然，"山中无老虎，猴子称大王"今天也变成了讽刺的意思。[①]

（五）▶ 相关图片

① 佚名. 十二生肖民间故事：生肖猴的来历［EB/OL］.（2020–12–05）［2021–11–10］. http://tongxiehui.net/by/5fcafe40d213c.html.

九十三、虎

(一) ▶ 简介

虎，猫科豹属虎种动物。四肢强健，犬齿和爪极为锋利，嘴上长有长而硬的虎须，全身底色橙黄，腹面及四肢内侧为白色，背面有双行的黑色纵纹，尾上约有 10 个黑色环。眼上方有一个白色区，故有"吊睛白额虎"之称。前额的黑纹颇似汉字中的"王"字，更显得异常威武，因此被誉为"山中之王"或"兽中之王"。

(二) ▶ 起源及演变历程

虎于 200 万年前起源于中国河南渑池，祖先是古中华虎。古中华虎逐步向南发展，从中国地区向西、向南分化为两大主流。向西的一支通过今蒙古国，中国内蒙古自治区、新疆维吾尔自治区、中亚国家，直抵伊朗北部和高加索南部。向南的一支又分为两个分支：一个分支进入朝鲜半岛，直达朝鲜南部，受阻于大海；另一个分支通过华北、华中、华南，进入中南半岛。抵达中南半岛后又分成两股：一股继续向南，沿马来半岛南下，渡过狭窄的海峡，分别登上苏门答腊、爪哇、巴厘等岛；另一股则向西，通过缅甸、孟加拉国而进入印度，直抵印度半岛南端。虎目前只存在于亚洲。

(三) ▶ 现状及对人类的影响

1. 现状

东北虎是现存最大的猫科动物。野生东北虎目前大部分分布在俄罗斯，在我国的数量已很少。朝鲜半岛已经再没有东北虎的踪迹。华南虎是我国特有的虎种，是体型小的几个老虎亚种中的一种。华南虎曾几乎遍布中国各个林地，数量也最多，除华南，还包括华东、华中、西南的广阔地区，甚至陕南、陇东、豫西和晋南等个别地区亦曾发现过。如今，野生华南虎存在的可能性已经微乎其微，很多专家都认为，华南虎已于野外灭绝。

2.对人类的影响

我国虎文化源远流长，很早就成为我国古老的图腾之一。由于虎的形象威风凛凛，因此自古以来就被用于象征军人的勇敢和坚强，如虎将、虎臣、虎士等。在诗歌、雕塑、绘画、戏曲、民俗，以及更为广泛的民间传说、神话等传统文化的各个领域中，虎的形象无所不在，成为中华文明不可或缺的一部分，如唐代诗人李白《梦游天姥吟留别》中有"虎鼓瑟兮鸾回车，仙之人兮列如麻"，李商隐《杂曲歌辞·无愁果有愁曲》中的"东有青龙西白虎，中含福皇包世度"等。

（四）▶ 相关故事

相传在远古时期，十二生肖中一开始并没有老虎的席位，而是有狮子。老虎那时还只是地上的一种不出名的动物。后来，虎从猫师傅那里学得十八般武艺，在山林动物中名气变得很大，凡是同它交过手的动物非死即伤。老虎开始雄霸山林，威震四方。玉帝听说老虎勇猛无比，便下旨传其上了天庭。老虎到了天庭，同玉帝的护卫较量都赢得了胜利。从此，老虎便成了天宫的殿前护卫。

老虎离开后，地上的飞禽走兽因无人镇管，开始胡作非为起来，给人间造成了灾难。这件事惊动了土地神。土地神连忙上报天庭，请玉帝派天神镇住百兽。玉帝便派老虎下凡，老虎要求每胜一次，便给它记一功。玉帝只求人间安宁，便满口答应了老虎的要求。

老虎来了凡间，了解到狮子、野猪、狗熊是当时最厉害的三种动物，就专门向这三种动物挑战。老虎凭借其自身的勇猛和高超的武艺连接击败了狮子、野猪、狗熊。其他恶兽听说后纷纷闻风而逃，藏进了无人居住的森林荒野。人间欢声震天，感谢老虎为人世间立了大功。

回到天庭，玉帝因老虎连胜三仗，便用朱红大笔在它的额头上划下了三道红杠，说这是给它记三次功。后来，人间又受到东海龟怪的骚扰，大地一片汪洋，虾兵蟹将作恶人间。老虎又来到凡间，咬死了龟怪。玉帝一高兴，又给老虎记一大功，在额头的三横之中添了一竖。于是，一个醒目的"王"字现在老虎前额。从此，老虎便为百兽之王，总管百兽。时至今天，虎额上也还可见到威风的"王"字。

由于狮子太凶残，名声不好，玉帝便决定除去狮子的生肖头衔，补进兽王虎。从此，虎成为十二生肖之一，狮子则被贬到遥远的南方。老虎也从玉帝的殿前护卫下了凡间，永保下界安宁。今天还有虎符、虎环、虎雕等除灾免祸的镇邪物，也有不少人家喜欢给孩子戴虎头帽、穿虎头鞋。

虎在十二生肖中位居第三，在十二地支配属"寅"，故一天十二时辰中之"寅时"即清晨3～5时又称"虎时"。据古书载，这时候的老虎是最活跃、最凶猛、伤人最多的时刻，因为寅时同虎搭配。[①]

（五）▶ 相关图片

① 佚名. 十二生肖虎的故事［EB/OL］.（2016–11–15）［2021–11–10］. http://www.xuexila.com/gushi/yuyangushi/1861135.html.

九十四、孔 雀

（一）▶ 简介

孔雀，雉科孔雀族动物的统称，包括孔雀属和刚果孔雀属 2 个属的 3 个种。其中，孔雀属包括 2 种。绿孔雀雄鸟全长超过 2 米，其中尾屏约 1.5 米。头顶翠绿，羽冠蓝绿而呈尖形；尾上覆羽特别长，形成尾屏，鲜艳美丽；真正的尾羽很短，呈黑褐色。雌鸟无尾屏，羽色暗褐而多杂斑。

（二）▶ 起源及演变历程

据鸟类化石研究表明，鸡形目起源于第三纪始新世，雉科许多现代类群见于上新世、第四纪更新世。鸡形目中各科的分化在距今 9000—7000 年前。孔雀在进化过程中，为了达到交配以及繁衍后代的目的，雄孔雀的尾巴经过无数代的选择和积累，变得漂亮华丽，以此来吸引雌孔雀。

（三）▶ 现状及对人类的影响

1. 现状

绿孔雀分布于东南亚，我国仅见于云南省西部和南部，目前野生数量稀少，为国家一级保护动物。蓝孔雀分布于印度和斯里兰卡。刚果孔雀 1936 年才被发现，分布于非洲热带地区。

截至 2014 年，分布于东南亚的绿孔雀的物种数量继续下滑。如果不尽快采取保护措施，10 年内，我国云南野生绿孔雀很可能将灭绝。

刚果环境破坏严重，使得本已危机四伏的刚果孔雀数量日趋减少。截至2012 年，野生数量只有 2500 只左右，分布范围仅 70 万平方千米，只有 150 只左右圈养在世界各国的动物园中。

2. 对人类的影响

我国自古以来关于孔雀的诗词就很多。

汉代文学家司马相如有《长门赋》，"孔雀集而相存兮，玄猿啸而长吟。" 刘向《说苑·杂言》："夫君子爱口，孔雀爱羽，虎豹爱爪，此皆所以治身法也。"《玉台新咏·古诗为焦仲卿妻作》(《孔雀东南飞》)："孔雀东南飞，五里一徘徊。"

三国时期钟会《孔雀赋》："有炎方之伟鸟，感灵和而来仪。禀丽精以挺质，生丹穴之南垂。戴翠旄以表弁，垂绿蕤之森纚。裁修尾之翘翘，若顺风而扬麾。五色点注，华羽参差。鳞交绮错，文藻陆离。丹口金辅，玄目素规。或舒翼轩峙，奋迅洪姿；或蹀足踟蹰，鸣啸郁咿。"

唐杜甫《至日遣兴，奉寄北省旧阁老两院故人二首》："忆昨逍遥供奉班，去年今日侍龙颜。麒麟不动炉烟上，孔雀徐开扇影还。" 沈亚之《为人撰乞巧文》："假文羽于孔雀兮，而使擅夫佳丽。"

宋孙光宪《八拍蛮》："孔雀尾拖金线长，怕人飞起入丁香。"

（四）▶ 相关故事

孔雀无论在古代的东方还是西方都是十分尊贵的象征。在东方的传说中，孔雀是由百鸟之长凤凰所生，与大鹏为同母，被如来佛祖封为大明王菩萨。在西方的神话中，孔雀则是天后郝拉的圣鸟。因为赫拉在罗马神话中被称为朱诺，因此孔雀又被称为"朱诺之鸟"。

（五）▶ 相关图片

九十五、大熊猫

(一) ▶ 简介

　　大熊猫，食肉目熊科大熊猫亚科大熊猫属唯一的哺乳动物。体色为黑白两色。大熊猫有着圆圆的脸颊，大大的黑眼圈，胖嘟嘟的身体，标志性的内八字的行走方式，也有解剖刀般锋利的爪子。大熊猫最初是吃肉的，经过进化，目前主要以竹子为食，但牙齿和消化道还保持着原样，故仍然划分为食肉目。大熊猫已在地球上生存了至少 800 万年，被誉为"活化石"和"中国国宝"，是世界自然基金会的形象大使、世界生物多样性保护的旗舰物种。

(二) ▶ 起源及演变历程

　　在大约 2600 万年前的渐新世，分化成早期的似熊类和古浣熊类。早期的似熊类动物到中新世中晚期（距今 900 万—800 万年前），又分化出祖熊类和始熊猫。始熊猫的主支则演化为大熊猫类，其中一种被称为大熊猫的小种在更新世初期（距今 250 万年前）出现，并逐渐由食肉类动物演化为以食竹子为主的"素食"动物。

(三) ▶ 现状及对人类的影响

1. 现状

　　目前，大熊猫的分布区已经相当狭小，实际上仅限于我国陕西省秦岭南坡，甘肃省和四川省交界的岷山，四川省的邛崃山、大相岭、小相岭和大小凉山等彼此分割的 6 个分布区域，栖息于海拔为 1400～3600 米的落叶阔叶林、针阔叶混交林和亚高山针叶林带的山地竹林中。每个区域又由于高山、河流或公路、耕地等因素的影响，再被分离成更小的单位，所以栖息地实际面积不足总面积的20%。大熊猫又由于近亲繁殖不可避免，繁殖率及幼仔成活率低甚至畸形或致死。这些都是大熊猫种群数目少的原因。

2.对人类的影响

大熊猫具有重要的学术研究价值和文化价值。大熊猫作为一种具有800万年历史的古老物种，同时代的很多标志性物种已经不复存在，人类从它身上可以得到更多的科学认知乃至哲学思考。作为世界濒危物种保护的典范，大熊猫在生物多样性保护的历史过程中，逐渐形成了不可替代的文化价值。保护大熊猫的根本措施是保护大熊猫的栖息地，促进野外和饲养大熊猫的繁殖，完善和强化管理手段，采取科学的方法，为大熊猫的生存创造必需的条件，稳定进而发展大熊猫种群数量，发展和恢复大熊猫的潜在栖息地。

(四) ▶ 相关故事

在西藏流传着一个关于大熊猫的神话传说。相传有四位年轻的牧羊女为从一只饥饿的豹子口中救出一只大熊猫而被咬死。别的大熊猫听说此事后，决定举行一个葬礼以纪念这四位女孩。那时的大熊猫浑身雪白，没有一块黑色的斑纹。为了表示对死难者的崇敬，大熊猫戴着黑色的臂章来参加葬礼。在这感人的葬礼上，所有大熊猫都悲伤得痛哭流涕，眼泪竟与臂章上的黑色混合在一起淌下，一擦，黑色染出了大眼圈。它们悲痛得揪自己的耳朵抱在一起哭泣，结果耳朵变黑了，身上也都出现了黑色斑纹。大熊猫不仅将这些黑色斑保留下来作为对四个女孩的怀念，同时也要让自己的孩子们记住所发生的一切。它们把这四位牧羊女变成了一座四峰并立的山。这座山现在就矗立在四川省卧龙自然保护区附近。①

还有传说称，远古时候大熊猫是黄龙的坐骑。它经常驮着黄龙云游四方，驱邪降魔。一天，黄龙预感到大地要发生重大变化，届时山崩地裂、沧海桑田，食肉动物将难以生存，就规劝大熊猫修心吃素。温驯的大熊猫听从了黄龙的规劝，改吃箭竹。后来地质变化，与熊猫同属食肉动物的剑齿象、剑齿虎等都因觅食艰

---

① 佚名.大熊猫的故事［EB/OL］.（2019-07-26）［2021-11-10］. https://wenku.baidu.com/view/ed54b5136aec0975f46527d3240c844769eaa0cc.html

难，逐渐灭绝了，唯有改吃箭竹的大熊猫适应环境生存了下来，成为稀世珍宝、古生物的活化石。

（五） 相关图片

九十六、马　鹿

（一）　简介

马鹿，偶蹄目鹿科鹿属马鹿种动物，是仅次于驼鹿的大型鹿类，共有 10 个亚种，因为体形似骏马而得名。雄性有角，一般有 6 叉，最多的有 8 个叉；茸角的第二叉紧靠于眉叉。夏毛较短，没有绒毛，一般为赤褐色，背面较深，腹面较浅，故有"赤鹿"之称。

（二）　起源及演变历程

马鹿由梅花鹿分化而来，与梅花鹿亲缘关系非常近，在自然条件下可与梅花鹿杂交延续后代。马鹿是梅花鹿群在通过中东向欧洲和北非扩展的过程中产生的一个新物种。原始型马鹿在欧洲北上又返转过来，到新世中期又路经丝绸之路的天山北路而返回中国大陆。

马鹿在分布扩展过程中，体型逐渐大型化，并形成 3 个亚种群，其中有 2 个亚种群的 8 个亚种在中国有分布。它们分别是东北亚种、阿拉善亚种、甘肃亚种、西藏亚种、阿尔泰亚种、天山亚种、塔里木亚种和四川亚种。

（三）　现状及对人类的影响

1. 现状

马鹿在中国尚有一定数量，在黑龙江省和吉林省可能有近 10 万只。由于过量猎捕幼仔和栖息地的丧失，马鹿也逐渐产生危机，尤其是在新疆维吾尔自治区塔里木的野生种群已经由 15000 只下降到 4000～5000 只；阿尔泰马鹿由 20 世纪 70 年代的 10 万只下降到 4 万只左右；野生天山马鹿则正以每年 3000 只左右的速度锐减。如果这样下去，野生马鹿很快就将有绝迹于伊犁河谷的危险。

2. 对人类的影响

马鹿的鹿茸产量很高，是名贵中药材。鹿胎、鹿鞭、鹿尾和鹿筋也是名贵的滋补品。

（四）　相关故事

不少学者曾经认为，马鹿角的大小有如军人的军阶，无须考虑对象，就得予以尊重。然而，许多动物行为学家通过一系列新的实验证明，这只是不熟悉的鹿偶尔相遇时的情况，而在彼此熟悉的鹿中，则完全是另外一种情景。

动物学家艾斯玛尔克博士曾经做过这样一次实验：他从一个由 12 头马鹿组成的群体中挑选了一头鹿角发育最差、地位最低的鹿。在它的头上装上一副从狩猎俱乐部弄来的极威猛极漂亮的大鹿角。这样，最弱小者成了这一带的最雄壮者；然而，同群的马鹿由于知道它的底细，并没有给以应有的尊重，而是照常欺负它、凌辱它。群鹿只承认和尊重它们现有的首领。

这群鹿的首领叫莱克斯，头上长着一副令每一个猎鹿人都会怦然心动的大鹿角。如果把莱克斯的鹿角枝权全部锯去，它在鹿群中的地位会一落千丈吗？艾斯玛尔克博士让人锯掉了所有枝权。然而，首领依然是首领，尊严和权威依旧。甚至鹿角锯到只剩 40 厘米高的一截短桩时，它依然是无可争议的首领，群体中的二把手——一头有 16 个枝权鹿角的马鹿，在它面前仍然服服帖帖。博士又让人把首领的鹿角全部锯去。这时情况发生变化了。群体中所有的鹿起来造首领的反。首领的威风荡然无存，从将头跌到兵尾，成了群体中地位最低下者。

之后，莱克斯这样具有优秀遗传基因的马鹿作为一个头上无角的外来者来到了一个完全陌生的圈养地，并马上卷入了一系列无休止的打斗中。无角鹿打斗时，后腿直立，两条前腿擂鼓一般地向前击打。这样的打斗威力自然有限，因而在这一年中，莱克斯只好俯首臣服。可是，进入第二年情况就彻底改观了。莱克斯毕竟身材高大，体力雄健，头上的鹿角又长得枝权繁多，雄壮高大。它重现了当年雄风，在打斗中日渐有占上风，最终爬到了首领的地位。[1]

---

[1]　佚名. 马鹿的故事［EB/OL］.（2019-07-26）［2021-11-10］. http://www.dushu369.com/gushi/HTML/86349.html.

（五）▶ 相关图片

主要参考文献

［1］朱迎娣，倪俊，张炯华．白臀长尾猴人工育幼技术的初步研究［J］．上海畜牧兽医通讯，2018（4）：40-41.

［2］张峰．圈养野生动物饲养管理的原理和技术［M］．上海：上海科学技术出版社，2014.

［3］村民采野菜遇老虎大吼将其吓退［EB/OL］．中国网．（2016-05-10）［2021-01-15］．http://news.cnr.cn/native/gd/20160510/t20160510_522099741.shtml.

［4］李明，王小明，盛和林，等．马鹿四个亚种的起源和遗传分化研究［J］．动物研究学，199（3）：177-183.

［5］张劲硕．《中国哺乳动物种和亚种分类名录与分布大全》出版［J］．动物学杂志，2003（3）：210.

［6］席金合．野生动物、病毒与我们［J］．今日中学生，2020（10）：4-7.

［7］汪松．《世界哺乳动物种名录》简介［J］．兽类学报，1982（2）：218.

［8］熊莉，沈文星．陆生野生动物资源价值构成及评估方法研究述评与展望［J］．世界林业研究，2017（2）：8-13.

［9］查尔斯·科克尔，胡德良．生命定律［J］．世界科学，2017（5）：4-8.

第十三章

其　他

九十七、烟 草

(一) ▶ 简介

烟草，茄科烟草属一年生或有限多年生草本植物的统称。基部稍木质化。花序顶生，圆锥状，多花；蒴果卵状或矩圆状，长约等于宿存萼。夏秋季开花结果。

目前已发现的烟草属有黄花烟、普通烟、碧冬烟 3 个亚属，共 66 个种。但栽培烟草只有普通烟草和黄花烟草两个种。

(二) ▶ 起源及演变历程

有关烟草资源的考察证明，普通烟草和黄花烟草都原产于南美洲安第斯山脉自厄瓜多尔至阿根廷一带。

普通烟草又叫红花烟草，是一年生或二三年生草本植物。这种烟草易种植于较温暖地带。黄花烟草是一年生或两年生草本植物，耐寒能力较强，适宜于低温地区栽培。它们都是由野生烟草经过长期自然进化形成的多倍体物种，对环境条件有广泛的适应性，同时又有较大的变异性，形成丰富多彩的烟草种质资源。

(三) ▶ 现状及对人类的影响

1. 现状

烟草目前在我国南北各省广为栽培，但最适宜种植带在北纬 55°到南纬 40°左右。

2. 对人类的影响

烟草除能制成卷烟、旱烟、斗烟、雪茄烟等供人吸食，尚有多种医疗用途。

虽然烟草给人类健康带了很多危害，甚至被称为"毒草"，许多国家或地区限制流通或抽吸，世界卫生组织成员还签署了《烟草控制框架公约》，但作为一种历史悠久的药用植物，其医疗价值不能因危害性而被抹杀。

《全国中草药汇编》记载，烟草性温味甘，有毒，具有消肿、解毒、杀虫等功效，也可用于灭"四害"（蟑螂、蚊、蝇、老鼠）和杀虫等。

（四）▶ 相关故事

在五大湖地区的休伦族印第安人中，流传着一个口口相传的神话：古时候，大地荒芜贫瘠，人们饥肠辘辘，难以果腹。于是，天神派一位女神前来拯救人类。当她在世间行走时，右手所及之处的土壤便长出土豆，左手所及之处的土壤便长出玉米。世界物种由此变得生机勃勃，终于富饶起来。于是，疲倦的女神坐下来，歇口气。当她起身时，所坐过的土壤长出一株香气怡人的植物。这株植物即为烟草。

（五）▶ 相关图片

九十八、棉　花

（一）▶ 简介

棉花，锦葵科棉属植物的种子纤维。

棉属植物为一年生或多年生草本。植株灌木状，一般 1～2 米。叶掌状分裂。花大，单生于枝端叶腋，白色、黄色，有时花瓣基部紫色，开花后不久变成深红色然后凋谢。蒴果圆球形或椭圆形，称为棉铃。棉铃内有棉籽。棉籽上的茸毛从棉籽表皮长出，塞满棉铃内部。棉铃成熟时，裂开，露出柔软的纤维（俗称棉花）。纤维白色或白中带黄。

（二）▶ 起源及演变历程

有研究认为，早在 1 亿年前的白垩纪末期就产生了棉属及近缘植物。棉属起源可能是多中心的。棉属的祖先出现在联合古大陆，即最早起源于非洲中部。在白垩纪由于地质变迁，大洋洲、南美洲与古大陆发生了分离和漂移，大洋洲便成为南部棉属二倍体种的起源中心。古大陆上的棉属种群随着古大陆的再次分离又分成两个二倍体起源中心。随着地球上气候和生态条件的变化，起源中心的棉花的形态特征和生理特性也相应地发生了变化和分化，从在生长在森林中变为生长在沙漠或半沙漠，从乔木状的常绿植物变为多年生或一年生落叶灌木或小灌木。

棉花的利用由来已久。据研究，在太古时期旧石器时代（距今 3.0 万—1.5万年前或更早），人类已经从野生棉花植株上采集纤维并加以利用。之后，由于人类对棉花纤维日益增长的需要，于新石器时代（距今 7000—6000 年前）棉花就进入了人工栽培，成为栽培作物。棉花栽培是在世界上不同地区、不同时间、利用不同的地方种和类型的基础上产生的。

（三）▶ 现状及对人类的影响

1. 现状

在世界上，棉花主要产区有中国、美国、印度、乌兹别克斯坦、埃及等。其中，中国的单产量最大，乌兹别克斯坦素有"白金之国"之称。在我国，棉花产区主要分布在江淮平原、江汉平原、南疆棉区、华北平原、鲁西北、豫北平原、长江下游滨海沿江平原。

2. 对人类的影响

棉花全身都是宝。它既是最重要的纤维作物，又是重要的油料作物。棉花为纺织工业最主要的原料；种子可榨油，棉籽油可用用于工业润滑油，经高温精炼除掉棉酚后也食用；榨油后的残渣即棉籽饼可作为牲畜饲料或肥料。

（四）▶ 相关故事

国家图书馆收藏的《御题棉花图》，是清乾隆三十年（1765 年）直隶总督方观承，以乾隆皇帝视察腰山王氏庄园棉花为背景，主持绘制的一套从植棉、管理到织纺、织染成布的全过程的图谱。最初的《棉花图》有图 16 幅，计有布种、灌溉、耕畦、摘尖、采棉、炼晒、收贩、轧核、弹花、拘节、纺线、挽经、布浆、上机、织布、练染。每图都配有文字说明，似连环画。书前还收录了康熙《木棉赋并序》，是我国仅有的棉花图谱专著。

装裱成册的《棉花图》让乾隆看。乾隆皇帝对《棉花图》十分喜爱，叹为观止，倍加赞许，执笔为每图题七言绝句，共 16 首。如"灌溉图"题诗曰："土厚由来产物良，却艰治水异南方，辘轳汲井分畦溉，嗟我农民总是忙。""织布图"题诗曰："横律纵经织帛同，夜深轧轧那停工，一般机杼无花样，大辂推轮自古风。"这些诗精工典雅，意蕴万千，因此，《棉花图》又称为《御题棉花图》。

（五）▶ 相关图片

九十九、竹　子

（一）▶ 简介

　　竹子，禾本科竹亚科植物的通称，又名竹。品种繁多，有箭竹、水竹、斑竹、刺竹、文竹、泰竹、圣音竹、撑绿竹、龟甲竹、青皮竹、茶秆竹等。有的低矮似草，有的高如大树，生长迅速。

　　通常通过地下匍匐的根茎成片生长，也可以通过开花结籽繁衍。种子被称为竹米。有些种类的竹笋可以食用。竹秆挺拔、修长，四季青翠，傲雪凌霜，备受中国人喜爱，与梅、兰、菊并称为"四君子"，与梅、松并称为"岁寒三友"，古今文人墨客爱竹咏竹者众多。

（二）▶ 起源及演变历程

　　竹亚科（竹子）是禾本科的 12 个亚科之一，与早熟禾亚科、稻亚科组成支系，是该科适应森林生境的一个主要分支。研究结果表明，木本竹类的祖先与草本竹类的祖先为姐妹关系，草本竹类在约 4200 万年前的始新世中期，与木本竹类的二倍体祖先开始分化；从约 2200 万年前的中新世早期开始，4 个已灭绝的木本竹类二倍体祖先先后通过 3 次异源多倍化事件，形成木本竹类的三大分支：首先是形成两个异源四倍体分支，即新热带木本竹类和温带木本竹类；大约 300 万年后，形成异源六倍体的旧热带木本竹类。

　　中国云南省具有复杂的地形地貌和极其多样化的气候类型，在地质历史时期曾是多个植物区系成分的交融之地。云南省的竹子属种和生态类型也非常丰富，既有温带类群（如无量山箭竹），也有热带类群（如版纳甜龙竹），是世界上两个竹子多样性中心之一（另一个在南美洲）。

（三）▶ 现状及对人类的影响

1.现状

竹子的类型众多，适应性强，分布极广，盛产于热带、亚热带和温带地区。中国是世界上产竹甚多的国家之一，共有22个属、200多种，分布全国各地，以珠江流域和长江流域最多。秦岭以北雨量少、气温低，仅有少数矮小竹类生长。

竹子常和其他树种一起组成混交林，而且处于主林层之下，过去很少受人重视。当上层林木砍伐后，竹子以生长快、繁殖力强的特点很快恢复成次生竹林。竹子用途不断扩大，经济价值高，人们植竹造林，形成人工林。次生竹林和人工竹林，又以强大的地下茎向四周蔓延扩大。因此，近几十年来，地球表面森林面积逐年减少，而竹林面积却日益扩大。目前，全世界竹林面积约2200万公顷。

全世界的竹子地理分布可分为3大竹区，即亚太竹区、美洲竹区和非洲竹区，有些学者还单列"欧洲、北美引种区"。

2.对人类的影响

（1）生活用途

竹子四季常青，用途广泛。在庭院中是不可缺少的点缀假山水榭的植物。安吉大竹海、蜀南竹海与赣南竹海是中国有名的竹海景观。竹子也可制成工艺品、乐器等。将竹材用工程化方法，经物理和化学作用制成的竹纤维，被用作纺织品，做成毛巾和衣物等。将竹材通过烘焙，制成竹炭，有很好的吸附和净化作用，可用于汽车和家居，以及污水处理等。竹也常用于建造棚架（搭棚），作为建材及扫帚、桌、椅等日用品。

（2）药用价值

竹叶，《本草纲目》中记载："淡竹叶气味辛平，大寒，无毒；主治：心烦、尿赤、小便不利等。苦竹叶气味苦冷、无毒；主治口疮、目痛、失眠、中风等。药用竹叶以夏秋两季采摘嫩叶，晒干、煎水饮；用量二到四钱。"

竹沥是将竹竿劈开，经火炙，收集两端滴出的竹汁。《本草纲目》记载："竹沥气味甘、大寒、无毒。主治：暴中风风痹，胸中大热，止烦闷，消渴，劳复。"

竹实内含竹米（种子），味甜。《本草纲目》："竹实通神明，轻身益气"。《本草纲目拾遗》："下积如神"。

竹茹（茎秆的干燥中间层）在《本草纲目》中有："淡竹茹，气味甘、微寒、无毒。主治：呕吐，温气寒热，吐血、崩中、止肺痿，治五痔、妇女胎动。苦竹茹，主治热壅，尿血"之说。

竹根也可入药，有清热除烦之功效。《本草纲目》记载："淡竹根煮汁服，除烦热、解丹石发热渴。苦竹根主治心肺五脏热毒气。甘竹根，安胎，止产后烦热"。

竹笋不仅组织细嫩，清脆爽口、滋味鲜美，而且营养丰富。竹笋作为食材及药膳资源在我国有悠久的历史。

（四） 相关故事

相传上古时候，尧有两个女儿，大女儿叫女英，二女儿叫娥皇，姐姐长妹妹两岁。女英和娥皇都长得俊秀，且贤惠善良。尧很喜欢他的两个女儿。尧选贤让能，选虞舜为继承人，并将两个女儿许给舜为妻。舜在帮助尧管理国家大事期间，为人民做了许多好事。尧辟位，由舜继位。南方的部族（现今湖南省内）多次在边境骚扰，舜亲率大军南征。娥皇和女英也跟随同行，留住湘水之滨。大军征战南进到苍梧，舜不幸病死，葬在九嶷山下（后人把这个地方叫作零陵）。娥皇和女英接到噩耗，痛哭不止，一直哭得两眼流出血泪来。泪珠洒在竹子上，染得竹子满身斑斑点点，成为斑竹。后来，姐妹二人投水而死。人们为纪念娥皇和女英，在湘水旁建立庙宇，名为黄陵庙。传说她二人都做了湘水女神，娥皇是湘君，女英为湘夫人。二妃死后，湘水出口处的洞庭湖君山出产一种竹子，竹子上面有斑斑点点紫晕的纹痕，传说为二妃的血泪所化而成。人们将这种竹子起名"斑竹"，又名"湘妃竹"。毛泽东的诗《七律·答友人》中"斑竹一枝千滴泪"，就是说的这个故事。[①]

① 中国管科院红豆杉中心.关于斑竹，有许多瑰丽的传说［EB/OL］.（2019-06-26）［2021-11-10］. https://baijiahao.baidu.com/s?id=1637375125014172677&wfr=spider&for=pc.

（五） 相关图片

一百、罂 粟

（一）简介

罂粟，罂粟科罂粟属一年生草本植物。茎高 30～80 厘米；分枝；有伸展的糙毛。叶互生，羽状深裂，裂片披针形或条状披针形，两面有糙毛。花蕾卵球形，有长梗，未开放时下垂；萼片绿色，花开后即脱落；花瓣 4，紫红色，种植罂粟有多个花型和花色。基部常具深紫色斑，宽倒卵形或近圆形，花药黄色；雌蕊倒卵球形，柱头辐射状。花果期 3—11 月。

（二）起源及演变历程

中国并不是罂粟的原产地。罂粟及其制品传入中国始于唐代。《旧唐书》载："乾封二年（667 年）拂菻遣使献底也伽"。唐代时候，由于阿拉伯人的大举扩张，拂菻已成为阿拉伯帝国的一个省。这个"底也伽"的主要成分就是鸦片。此时，人们对罂粟的性状已有相当的了解。陈藏器在《本草拾遗》中记述了罂粟花的特点，他引述前人之言说："罂粟花有四叶，红白色，上有浅红晕子，其囊形如箭头，中有细米。"不仅如此，对如何种好罂粟花，唐人也有认识，《种树书》中有："莺粟（即罂粟）九月九日及中秋夜种之，花必大，子必满。"

阿拉伯人带来鸦片的同时，也把罂粟送到了中国。到了宋代，中国医学家已经开始尝试用罂粟来治病消灾。明代的王玺在《医林集要》中记载了中国最早的制作鸦片的方法。

元代时，中医对罂粟的巨大副作用已有初步的认识，建议慎用。如名医朱震亨即指出："今人虚劳咳嗽，多用粟壳止勤；湿热泄沥者，用之止涩。其止病之功虽急，杀人如剑，宜深戒之。"

（三）▶ 现状及对人类的影响

罂粟是提取毒品海洛因的主要毒品源植物，长期应用容易成瘾，慢性中毒，严重危害身体。严重的还会因呼吸困难而送命。罂粟与大麻、古柯并称为三大毒品植物。所以，我国对罂粟种植严加控制，除药用、科研外，一律禁植。

（四）▶ 相关故事

19 世纪，以英国为代表的西方资本主义国家生产过剩。清廷实行闭关自守的政策，只许可在广州一地同外国通商。中国的封建经济是自给自足的小农经济，进口的工业品没有销路。外国商人于是转向了罪恶的鸦片贸易。西方国家向中国全力倾销鸦片，仅在道光帝执政的前 15 年间，就造成了 6000 万两以上的白银外流，全国染上烟瘾的达 200 多万人。

1838 年，林则徐在湖广总督任上向道光帝上了一份奏折，大声疾呼：如果再不严禁鸦片，那么几十年后中国几乎没有可以派出抵抗敌人的军队，而且没有可以发军饷的白银，国家就被鸦片蛀空了！

1839 年 3 月，林则徐到达广州。外国烟贩和勾结他们的商人，起初并没有把他的到来放在心上。他们觉得只要花钱，没有过不了的关，于是派人去求见林则徐，暗示贿赂的数目。

林则徐怒斥道："我不要钱，只要你的脑袋！"他命令伍绍荣回去告诉外国烟贩：限 3 天以内，把所带的鸦片全部交官，并且签定今后永远不夹带鸦片的保证书。如果胆敢违令，一经查出，货物一律充公。但英商藏匿在商馆里，拒不交出，还叫嚣以战争相威胁。

林则徐派人在虎门海滩的高处，挖了两个长宽各 50 丈的大池，池壁有涵洞与大海相通。6 月 3 日，林则徐率领广东大小官员，前来监督销毁收缴的鸦片。一箱箱鸦片被投入浸满海水的大池中，再倒上海盐和生石灰，鸦片化成了灰烬。成千上万围观的群众，发出了春雷般的欢呼声。一批焚毁，冲刷干净，又投入一批。虎门销烟整整持续了 23 天。

　　林则徐领导的禁烟斗争，向世界显示了中国人民抗击外来侵略的决心和能力。①

（五）▶ 相关图片

　　① 佚名. 回顾林则徐的虎门销烟［EB/OL］.（2020–06–27）［2021–11–10］. http://www.360doc.com/content/20/0813/07/71135856_920830848.shtml.

主要参考文献

［1］卢玉文. 降本提质，推进棉花产业供给侧结构性改革［N］. 兵团日报（汉），2017-12-18（005）.

［2］杨兴华. 棉花产业如何重塑未来［N］. 中国纺织报，2017-06-19（002）.

［3］索荣. 中国棉花产业陷入迷茫［N］. 农资导报，2012-09-28（C01）.

［4］苏德林. 朝阳产业：竹子开发［J］. 国土绿化，2018（8）：57.

［5］黄大勇. 竹子开花结果［J］. 广西林业，2016（12）：37-38.

［6］张同. 提高北京地区竹子种植成活率因素分析［J］. 现代园艺，2017（16）：9-10.

［7］基因组研究揭示竹子异源多倍化历史和独特性状的遗传学线索［EB/OL］：（2019-05-30）［2020-07-10］. http://www.kib.ac.cn/xwzx/ttxw/201905/t20190530_5304020.html.

［8］杨小松. 民国时期贵州烟草种植与影响［J］. 长江师范学院学报，2018（5）：57-63.

［9］赵艳. 现代烟草农业发展对策思考［J］. 南方农业，2019（3）：139-140.

［10］唐世凯. 我国现代烟草农业存在的问题与对策［J］. 贵州农业科学，2009（11）：211-213.